從歷史發展到關鍵應用，
有趣得不可思議的密碼研究。

THE
GREAT
CRYPTO

密
加

謎
解

學
密碼

阿里巴巴高級安全專家 劉巍然 —— 著

吳詩湄 —— 繪圖

自由學習 42

加密・解謎・密碼學
從歷史發展到關鍵應用，有趣得不可思議的密碼研究

作　　　者	劉巍然	
繪　　　者	吳詩湄	
責 任 編 輯	林博華	
行 銷 業 務	劉順眾、顏宏紋、李君宜	

發 行 人　涂玉雲
總 編 輯　林博華
出　　版　經濟新潮社
　　　　　104台北市中山區民生東路二段141號5樓
　　　　　電話：（02）2500-7696　傳真：（02）2500-1955
　　　　　經濟新潮社部落格：http://ecocite.pixnet.net
發　　行　英屬蓋曼群島商家庭傳媒股份有限公司城邦分公司
　　　　　104台北市中山區民生東路二段141號11樓
　　　　　客服服務專線：02-25007718；25007719
　　　　　24小時傳真專線：02-25001990；25001991
　　　　　服務時間：週一至週五上午09:30-12:00；下午13:30-17:00
　　　　　劃撥帳號：19863813；戶名：書虫股份有限公司
　　　　　讀者服務信箱：service@readingclub.com.tw
香港發行所　城邦（香港）出版集團有限公司
　　　　　香港灣仔駱克道193號東超商業中心1樓
　　　　　電話：852-2508 6231　傳真：852-2578 9337
　　　　　E-mail: hkcite@biznetvigator.com
馬新發行所　城邦（馬新）出版集團Cite（M）Sdn. Bhd.（458372 U）
　　　　　41, Jalan Radin Anum, Bandar Baru Sri Petaling,
　　　　　57000 Kuala Lumpur, Malaysia.
　　　　　電話：（603）90563833　傳真：（603）90576622
　　　　　E-mail: services@cite.my
印　　刷　漾格科技股份有限公司
初 版 一 刷　2023年4月6日

城邦讀書花園
www.cite.com.tw

ISBN：978-626-7195-23-9、978-626-7195-25-3（EPUB）

定價：480元

自 序

2017 年 5 月，我接到了知乎編輯的邀請，邀我寫一本密碼學的科普書籍。要用生動淺顯的例子，在不涉及複雜數學知識的條件下為晦澀難懂的密碼學原理進行科普，其難度可想而知。然而，伴隨著網際網路的蓬勃發展，網路的資安問題也日益嚴重。密碼學是維護網路安全的核心技術之一。作為一名專攻密碼學的博士，為讀者朋友撰寫一本淺顯易懂的密碼學科普讀物，使讀者朋友了解默默保護著我們的密碼技術，是一種義務，也是一種責任。我最終接受了這個挑戰，完成了這本書。

密碼學的發展可以分為兩個時期：古典密碼學時期與現代密碼學時期。在古典密碼學時期，密碼學家還沒有掌握設計出安全密碼的科學方法。當時密碼的設計完全仰賴密碼設計者的聰明才智，而密碼的破解更是要靠密碼破譯者的靈光一現。到了 20 世紀中期，電腦科學的奠基人圖靈（Alan Turing）和資訊理論的奠基人夏農（Claude Shannon）為密碼學找到了可靠的理論基礎，密碼學才正式步入現代密碼學時期，為資料安全保駕護航。現在，是時候讓密碼學這位幕後英雄走到台前，在讀者面前亮相了。

從 2014 年起，我開始在知乎上回答密碼學領域的相關問題，並因此收到了很多朋友的讚揚與感謝。2016 年，我成為知乎密碼學領域的優秀回答者，並完成了電子書《質數了不起》。現在，《質數了不起》的擴展版本——也就是本書，也終於要和讀者朋友見面了。本書與《質數了不起》比起來約有 80% 的內容為新增內容，補充了大量原本未涉及或

簡述的章節。我很希望能夠過本書所講解的內容，為讀者朋友介紹密碼學的基本概念和基本原理，介紹隱藏在密碼學背後的數學知識，也希望這本書能激發各位對密碼學的興趣。

在此，我想真誠感謝為本書的撰寫和出版做出貢獻的朋友們。非常感謝我的妻子李雯對本書的大力支持。她幫助我修正了很多語法錯誤，並站在讀者的角度為本書提出了很多寶貴的建議。感謝我的師妹金歌為本書中出現的德文詞彙和語句提供準確的翻譯，並對本書進行了認真的校對，指出了很多語言問題。感謝我在阿爾法字幕組的合作夥伴吳詩湄為本書繪製插圖，她的繪圖為本書增添了更多活力。感謝阿里巴巴集團數據技術及產品部的張磊老師、馮偵探老師、沈則潛老師、高愛強老師等，謝謝你們的支持和幫助。

國際計算機協會（ACM）和電機電子工程師學會（IEEE）會士、浙江大學網絡空間安全學院院長任奎老師，北京航空航天大學密碼學教授伍前紅老師，阿里巴巴集團安全部密碼學與隱私保護技術總監洪澄老師，騰訊安全雲鼎實驗室總監錢業斐老師，深信服首席安全研究員、藍軍首席架構師彭峙釀老師，知乎密碼學話題優秀答主段立老師，都在閱讀樣稿後給予了熱情的推薦。我的博士生導師、北京航空航天大學網絡空間安全學院院長劉建偉教授更是為本書撰寫了推薦序。我在此向他們致以衷心的感謝！雖然我已經盡我所能確保本書的正確性和嚴謹性，但由於我個人的知識水準有限，書中難免出現錯誤或表述不當之處，懇請讀者朋友提出寶貴的意見和建議。

劉巍然

2020 年 11 月

目 錄

02

+ + + + +

「今天有小雨，無特殊情況」
戰爭密碼：生死攸關的較量

03

+ + + + +

「曾愛理不理，現高攀不起」
數論基礎：密碼背後的數學原理

04

+ + + + +

「你說你能破，你行你上呀」
安全密碼：守護數據的科學方法

01

+ + + + +

「只要解出來，算你了不起」

古典密碼：
高手過招的智慧博弈

2009 年 1 月 23 日，農曆臘月二十八，正當網友們準備迎接春節的到來時，一位暱稱為「HighnessC」的網友於凌晨 4 時 12 分在百度「密碼吧」發布了一個帖子：

> 最近和一個心儀的女生告白，
>
> 誰知道她給了我一個摩斯密碼，說解出來了才答應和我約會。
>
> 可是我用盡了所有方法都解不開這個密碼。好鬱悶啊。只能向你們求救了。
>
> ****− / *−−−− / −−−−* / ****− / ****− / *−−−− / −−−** / *−−−− / ****− / *−−−− / −**** /
>
> **−−− / ****− / *−−−− / −−−−* / **−−− / −**** / **−−− / **−−− / ***−− / −−*** / ****− /
>
> 她唯一給我的提示就是，這是個 5 層加密的密碼……
>
> 也就是說要破解了 5 層密碼才是答案……
>
> 好鬱悶啊……
>
> 救救我啊……

求助帖很快得到了網友的熱烈回應。一段時間後，網友很快分成了兩派。一部分網友的態度很悲觀，在回帖中無奈地表示「5 層基本沒救了，節哀吧」。另一派網友準備迎難而上，嘗試破解這個「基本沒救」的密碼。很快，網友「PorscheL」於 4 時 57 分在 6 樓回帖，表示第 1 層密碼已經解開。但是，後面 4 層密碼的破解似乎困難重重，進度暫時陷入停滯狀態。

12 時 24 分，樓主「HighnessC」從心儀的女生那裡得到了一些提示，他在 12 樓發帖稱：

經過昨天一晚的奮鬥，

我還是破解不了。

不過今天我死磨她，叫她給提示，她說中間有一個步驟是「替代密碼」，而密碼表則是我們人類每天都可能用到的東西。

我會再多套一點資訊的……

希望大大幫忙解答啊……

畢竟我也希望不要她親口說出這個密碼的答案……

這個提示為密碼的破解帶來了巨大的幫助。16 時 45 分，網友「片翌天使」沿著 38 樓網友「幻之皮卡丘」提供的思路，於 83 樓成功解開了第 2 層密碼；17 時 9 分，網友「巨蟹座的傳說」於 93 樓提供了解開第 3 層密碼的思路；18 時 39 分，網友「片翌天使」於 158 樓宣布密碼已經完全破解，並稱「樓主你好幸福哦」；20 時 02 分，網友「片翌天使」於 207 樓整合了完整的解密步驟，公布了密碼破解結果。至此，經過 14 個小時的努力，這個 5 層加密的密碼終於被破解！破解結果也是皆大歡喜，密碼吧的網友見證了他們的愛情。衷心希望這一對情侶能夠在網友的見證下走到一起，共度美好的未來。

樓主「HighnessC」曾在帖子中表示，給他出這道題的女生很喜歡古典密碼。那麼古典密碼是什麼？如何破解這個 5 層加密的古典密碼？這個 5 層加密的古典密碼中又蘊含著怎樣的歷史故事呢？

　　歷史上，密碼設計者和密碼破譯者曾進行過曠日持久的鬥爭。電腦誕生之前，密碼設計者用自己的聰明才智設計出了很多看似牢不可破的密碼。然而，這些密碼設計思想的背後並沒有堅實的理論基礎。在大多數情況下，密碼破譯者都能在鬥爭中大獲全勝，把這些密碼完美破解。根據這些相對簡單、但無堅實理論基礎支撐的設計思想所建構出的密碼，被稱為古典密碼（Classical Cryptography）。電腦誕生之後，密碼設計者在數學與電腦科學領域逐漸找到了設計密碼的理論依據，最終設計出了一系列真正難以被破解的密碼。這類依據堅實理論基礎而設計出的密碼被稱為現代密碼（Modern Cryptography）。借助數學與電腦科學的強大武器，密碼設計者終於柳暗花明，在與密碼破譯者的鬥爭中打了個漂亮的勝仗。

　　雖然在現代通訊領域中，已不再使用古典密碼，但不能否認古典密碼在密碼學發展史上的重要作用。本章將細數古典密碼的歷史故事，為讀者拆解密碼設計者和密碼破譯者在密碼戰爭中的各種招數。在了解古典密碼的原理和設計思想後，本章將回顧網友「片翌天使」對 5 層密碼的破解過程，重溫誕生於「密碼吧」的愛情故事。了解了常用的古典密碼後，各位也可以建構屬於自己的密碼，用這種特殊的方式向心儀的人傳達心意。不過，在此需要貼出一則友情提示：如果心儀的人一直無法找到破解方法，還請及時告知結果，否則可能會釀成悲劇，後果自負。

1.1 換種表示：編碼

在開啟古典密碼之旅前，首先要了解另一個概念：編碼（Code）。編碼看似密碼，但嚴格來說並不是密碼。編碼的根本目的是尋找一種方式，通過電報、電台、網路等傳輸媒介進行遠距離通訊。因此，可以把編碼看成是機器之間互相交流的「機器語言」。所謂編碼過程（Encode），就是把人類語言翻譯成機器語言。與編碼過程對應的解碼過程（Decode），就是把機器語言翻譯成人類語言。知乎上有很多利用編碼作為密碼的例子。對於這類「密碼」，只要知道編碼和解碼方式，就很容易恢復隱藏於其中的資訊。

如此看來，破解編碼的難度在於：了解編碼的編碼和解碼規則，從而在短時間內將機器語言翻譯成人類語言。在日常生活中，人們也經常會遇到類似的問題：當兩個人透過方言進行交流時，如果第三個人不懂他們所使用的方言，他就無法得知這兩人交流的內容。曾經有網友統計過中國最難懂的十大方言，分別是溫州話、潮汕話、粵語、客家話、閩南語、閩東語、蘇州話、上海話、陝西話和四川話。雖然這不是官方的統計結果，但這十種方言對一般人來說的確也稱得上難學難懂了。從某種程度上講，雖然語言本身並不屬於密碼，但使用語言的確也可以實現資訊保密通訊的功能。

在人類歷史上，確實也有利用語言實現資訊保密通訊功能的例子。在第二次世界大戰的太平洋戰場中，美軍就曾經使用過一種美國土著語言——納瓦霍語作為密碼，史稱「納瓦霍密碼」（Navajo Code）。細心

的讀者可能已經注意到，納瓦霍密碼對應的英文用的是 Code（編碼），而非 Cipher（密碼）。嚴格來說，納瓦霍密碼這種以語言為基礎的密碼仍屬於編碼的範疇。

以納瓦霍語作為密碼的想法是由美國洛杉磯的工程師約翰斯頓（P. Johnston）提出的。約翰斯頓從小在美國亞利桑那州的納瓦霍族保留地生活，他是少數可以流利講解納瓦霍族語言的非納瓦霍人之一。由於納瓦霍族常年與世隔絕，納瓦霍語對族外人來說幾乎像動物語言一樣令人無法理解。同時，這種語言的語法、聲調、音節都非常複雜，學會這門語言的時間成本非常高。當時，能夠通曉納瓦霍語的非納瓦霍族人在全球不超過 30 人，並且這 30 人中沒有一位是日本人。既然如此，能否使用納瓦霍語作為密碼呢？約翰斯頓向美國軍方提出了這個想法，並最終得到了美國軍方的採納。

使用納瓦霍語傳遞軍事資訊面臨到種種困難。最大的困難是，作為美國土著語言，無法用納瓦霍語描述現代軍事中的專業術語。為了解決這個問題，美國海軍專門建立了納瓦霍語專業術語詞彙表。對於簡單的軍事用語，直接在納瓦霍語中尋找相似的替代詞語。例如，用鳥的名字表示飛機、用魚的名字表示船艦、用「戰爭酋長」表示「指揮官」、用「蹲著的槍」表示「迫擊炮」等。表 1.1 列舉了部分納瓦霍密碼所對應的現代軍事用語。對於更複雜的軍事用語，就直接用納瓦霍語讀出軍事用語的字母拼寫。為了在戰爭中使用納瓦霍密碼，美軍徵召了大量的納瓦霍族人入伍，負責用納瓦霍語傳達軍事命令。這些納瓦霍族人被形象地稱為「風語者」（Windtalkers）。納瓦霍密碼是第二次世界大戰中最可靠的密碼。至今為止，納瓦霍密碼仍是為數不多的未被破解的密碼之一。

2002年，這一段戰爭歷史被知名導演吳宇森拍成同名電影《風語者》（台
譯《獵風行動》）。

表 1.1 部分納瓦霍語專業術語詞彙表

英文	中文	納瓦霍語 英文含義	納瓦霍語 中文含義	納瓦霍語語音
Fighter Plane	戰鬥機	Hummingbird	蜂鳥	Da-He-Tih-Hi
Observation Plane	偵察機	Owl	貓頭鷹	Ne-As-Jah
Torpedo Plane	魚雷轟炸機	Swallow	燕子	Tas-Chizzie
Bomber	轟炸機	Buzzard	鵟鶘	Jay-Sho
Dive-Bomber	俯衝轟炸機	Chicken Hawk	美國雞鷹	Gini
Bombs	炸彈	Eggs	雞蛋	A-Ye-Shi
Amphibious Vehicle	水陸兩棲車	Frog	青蛙	Chai
Battleship	戰艦	Whale	鯨	Lo-Tso
Destroyer	驅逐艦	Shark	鯊魚	Ca-Lo
Submarine	潛水艇	Iron Fish	鐵魚	Besh-Lo

　　當然，與納瓦霍密碼相比，機器可以識別的語言對人類來說還是比
較好理解的，否則現在也不會存在如此多的能與電腦深入溝通的程式設
計師了。下面我們來看看如何將人類語言翻譯成機器語言，以及如何將
機器語言翻譯成人類語言。

1.1.1 最初的編碼：摩斯電碼

　　如何實現遠距離通訊曾是人類所面臨的重要難題之一。無論是戰爭
時的軍令下達，還是日常資訊的互通有無，人們對通訊的渴望一直存在。
　　在很長一段時間裡，人類只找到了兩種實現遠距離通訊的方法。第

一種方法是把需要傳遞的資訊寫在書信上，利用馬匹、信鴿、信犬等，用接力或直接送達的形式將書信送往目的地。第二種方法是利用烽煙、信號燈等方式，通過肉眼可見的信號發送資訊。然而，這些通訊方式的共同問題是成本高昂、使用環境受限、通訊速度緩慢，無法滿足快速、即時通訊的要求。

18 世紀時，物理學家發現了電的各種性質。隨後，發明家開始嘗試利用電來傳遞消息。早在 1753 年，英國科學家便成功利用靜電實現了遠距離通訊，這便是電報的雛形。1839 年，英國發明家查爾斯‧惠斯登（Charles Wheatstone）與威廉‧庫克（William Cooke）在英國大西方鐵路（Great Western Railway）的帕丁頓（Paddington）站至西德雷頓（West Drayton）站之間安裝了一套電報線路。這也是世界上第一套投入使用的電報線路，其通訊距離達到 20 公里，真正實現了資訊的即時遠距離通訊功能。美國發明家薩繆爾‧摩斯（Samuel Morse）幾乎在同一時期發明了電報，並於 1837 年在美國取得了相關專利。

電信號只有「連通」和「斷開」兩種狀態，但人類語言擁有字元、數字、標點符號等豐富的組成元素。如何把它們都轉換成「連通」和「斷開」這兩種狀態，以便透過電報發送出去呢？摩斯請另一位美國發明家阿爾弗萊德‧維爾（Alfred Vail）幫助他構思了一套可行的方案，利用「點」（‧）和「劃」（－）的組合來表示字元和標點符號，讓每個字元及標點符號彼此獨立地發送出去。他們約定，用短電信號表示「點」，用長電信號表示「劃」，用停頓來區隔獨立的字元和標點符號。最終兩人達成一致，將這種字元和標點符號的標示方法寫到了摩斯的專利中。這就是廣為人知的摩斯電碼（Morse Code）。

　　由摩斯和維爾提出的摩斯電碼，又稱美式摩斯電碼。現今國際通用的摩斯電碼是由德國電報工程師格克（Friedrich Gerke）於 1848 年發明的。在 1965 年巴黎舉行的國際電報大會上，與會人員對格克發明的摩斯電碼進行了少量的修改。此後不久，國際電信聯盟將修改後的摩斯電碼正式定名為國際摩斯電碼，從此成為國際標準。

　　國際摩斯電碼使用 1~4 個「點」和「劃」表示 26 個英文字母，用 5 個「點」和「劃」表示數字 *，用 5~6 個「點」和「劃」表示標點符號，同時規定了一些非英文字元的表示方法。表 1.2 是國際摩斯電碼的字母、數字、標點符號和特殊字元之對照表。

表 1.2　字母、數字、標點符號和特殊字元的摩斯電碼對照表

字元	摩斯電碼	字元	摩斯電碼	字元	摩斯電碼	字元	摩斯電碼
字母							
A	・—	B	—・・・	C	—・—・	D	—・・
E	・	F	・・—・	G	——・	H	・・・・
I	・・	J	・———	K	—・—	L	・—・・
M	——	N	—・	O	———	P	・——・
Q	——・—	R	・—・	S	・・・	T	—
U	・・—	V	・・・—	W	・——	X	—・・—
Y	—・——	Z	——・・				
數字							
1	・————	2	・・———	3	・・・——	4	・・・・—
5	・・・・・	6	—・・・・	7	——・・・	8	———・・
9	————・	0	—————				

* 摩斯電碼的數字有長碼版和短碼版，通常使用長碼版。長碼版中每個數字都用5個「點」和「劃」來表示，短碼版則用1~5個「點」和「劃」表示。

字元	摩斯電碼	字元	摩斯電碼	字元	摩斯電碼	字元	摩斯電碼
標點符號							
.	·—·—·—	:	—————···	,	——··——	;	—·—·—·
?	··——··	=	—···—	'	·————·	/	—··—·
!	—·—·——	\		"		”	
(	—·——·	)	—·——·—	$	···—··—	&	·—···
@	·——·—·	+	·—·—·				
特殊字元							
ä 或 æ	·—·—	à 或 å	·——·—	ç 或 ĉ	—·—··	ch	————
ð	··——·	è	·—··—	é	··—··	ĝ	——·—·
ĥ	—————	ĵ	·———·	ñ	——·——	ö 或 ø	———·
ŝ	···—·	þ	·——··	ü 或 ŭ	··——		

　　摩斯電碼易於理解，使用簡單，在全世界得到了廣泛的使用。全世界公認的求救信號「SOS」就與摩斯電碼有關。19 世紀初，海難事故頻傳。由於遇難的船隻無法及時傳遞求救訊號，救援隊無法有效地組織施救，海難一旦發生，便很容易造成重大的人員傷亡和財產損失。鑑於此，國際無線電報公約組織於 1908 年正式將「SOS」設定為國際通用海難求救訊號。有的人把 SOS 解讀為「Save Our Ship」的首字母縮寫，意為「拯救我們的船」。也有人把 SOS 解讀為「Save Our Soul」的首字母縮寫，意為「拯救我們的靈魂」。這些都不是 SOS 被設定為國際通用求助訊號的根本原因。

　　有的讀者可能知道，在遇到事故需要求助時，如果無法用文字方式撰寫「SOS」，也可以透過聲音或燈光的形式傳遞呼救訊息。利用聲音的傳遞方法是發出「三短三長三短」的聲響；利用燈光的傳遞方法則是按照「三短三長三短」的規律讓燈光閃爍。事實上，「三短三長三短」

即為摩斯電碼中的「…－－－…」，所對應的字母正是「SOS」。當初
國際無線電報公約組織選擇「SOS」這個字母組合時沒有賦予其任何特
別的含義，純粹是因為「SOS」所對應的摩斯電碼是由連續的點和劃構
成，便於發送和接收。

　　人們也會利用摩斯電碼紀念一些歷史事件。在第二次世界大戰中，
盟軍於 1944 年 6 月 6 日早上 6 時 30 分發動了戰爭史上最著名的海上登
陸戰役——諾曼第戰役，也稱「D-Day 計畫」。諾曼第戰役勝利後，作
為盟軍主要成員國之一的加拿大，曾於 1943 年和 1945 年分別發行了
具有特殊紀念意義的 5 分鎳幣，史稱勝利鎳幣（Victory Nickel），如圖
1.1 所示。

圖 1.1　加拿大 1943 年和 1945 年分別發行的兩種勝利鎳幣

　　勝利鎳幣的一大亮點就是鎳幣上印有摩斯電碼。如果從硬幣最下方
的字母 N 的左側處開始，順時針讀取摩斯電碼，就會得到：

```
・－－ / ・ / ・－－ / ・・ / － ・ ／ ・ －－ / ・・ ・・ / － / ・－ / ・ －－ / ・ ／・
/ ・ －－ / ・－－ / ・－・ / ・ － ・ / ・ －－ / ・ ・・・ ／・ ・ －－ ／ ・－・
/ －－・ / ・ ・－・・ / ・ － －－
```

　　將這段摩斯電碼對照表 1.2 解碼為英文字母，就會得到如表 1.3 的結果：WE WIN WHEN WE WORK WILLINGLY（當我們渴望勝利時，我們就能勝利）。

表 1.3　勝利鎳幣的摩斯電碼解碼結果

.--	.		.--	..		-.		.--	....	.		-.		.--	.
W	E		W	I		N		W	H	E		N		W	E
.--	---	.-.	-.-		.--	..	·-..	.-..	..		-.	--.	-...	-.--
W	O	R	K		W	I	L	L	I		N	G	L	Y

　　摩斯電碼通常被認為是史上第一個標準編碼規範。人類使用摩斯電碼的歷史橫跨了約 150 年。直至 1999 年，摩斯電碼仍然是海洋通訊的國際標準。但隨著更多更高效的編碼規範的問世，摩斯電碼逐漸退出了歷史舞臺。1997 年，法國海軍在海洋通訊中停止使用摩斯電碼。他們用摩斯電碼發送的最後一條消息是：

Calling all. This is our last cry before our eternal silence.

（所有人注意，這是我們在永遠沉寂之前最後的一聲吶喊。）

　　利用摩斯電碼表白的例子在知乎中也非常常見。最簡單的例子是知乎網站中的一個問題「這個摩斯電碼是什麼意思？」：

```
· · / — · · / · · / — · · / — · · / — — — / · · · — / ·
/ — · — — / — — — / · · — / — / — · / — · ·
/ · · / · · / — — — / — · · / — — — / · · — / ·
/ — · — — / — — — / · · —
```

很容易對照表 1.2 將摩斯電碼解碼為英文字母，得到結果：I DID LOVE YOU AND I DO LOVE YOU。看樣子，這也是一個美好的愛情故事。

1.1.2　摩斯電碼的困境

摩斯電碼逐漸被淘汰的一個核心原因是：摩斯電碼適用於資訊的發送和接收，卻不適用於資訊的準確儲存。一個顯而易見但不是特別嚴重的問題是，似乎無法透過摩斯電碼區分英文字母的大小寫。解決這個問題的難度並不大，進一步增加表示大寫英文字母的摩斯電碼即可。另一個更嚴重的問題是，在摩斯電碼中，各個編碼之間需要使用「空格」或「停頓」作為分隔符號。當人們需要將摩斯電碼儲存在電腦中時，「空格」或「停頓」符號又該如何記錄呢？

是否可以不記錄「空格」或「停頓」符號？答案是否定的。事實上，少了「空格」或「停頓」符號，很容易造成解碼結果不唯一，從而導致歧義。

2014 年 2 月，一位知友在知乎上提了一個問題「誰能幫忙解密下面這段密碼？某個朋友的 exGF＊寫給他的，對他很重要。」：

000001011001101011

100000010100001000110 11

0001001110001001010001 1011 00 000001000100101000 11 0110000110001000100

分三行，她給的提示只是說，跟摩斯密碼有關。

---

* exGF：exGirlFriend的縮寫，意為前女友。

　　起初這一題並沒有引起太多知友的興趣。畢竟這樣一個直接用摩斯電碼就能破解的題目一般都不會太難。然而，隨著破解的深入，知友發現這道題遠非想像的那麼簡單。破解這個摩斯電碼所面臨的最大問題是，題目中並沒有給出各個摩斯電碼之間的「空格」或「停頓」，可能存在很多種解碼結果。例如，對於第一個詞 000001011001101011，完全可以把所有的「0」解碼成「E」，把所有的「1」解碼成「T」，得到結果「EEEEETETTEETTETETT」。雖然這個解碼結果是沒有意義的，但這完全符合解碼規則，是個正確的解碼結果。解決這個問題有兩個關鍵點：

　　（1）確定「0」是「·」，「1」是「－」；或是反過來，「0」是「－」，「1」是「·」；
　　（2）列舉所有的解碼結果，從中找出有意義的詞語或句子，作為正確的解碼結果。

　　2014 年 2 月 10 日，知友 @ 詹博奕解決了第一個關鍵點，他指出：第三行中間的「00」是單獨存在的，根據摩斯電碼標準，「00」可能代表「EE」「M」「I」或「TT」。如果這段摩斯電碼的解碼結果是英文或者拼音，那麼「00」最有可能代表的是「I」。因此，可以認為「0」代表點，「1」代表劃。知友 @ 詹博奕嘗試手工破解，並成功破解了第一行和第二行摩斯電碼，得到了有意義的破解結果：HAPPY BIRTHDAY。然而，第三行摩斯電碼太長，可能的解碼結果太多，已無法用人工方式解碼出正確結果。

　　大約一年後的 2015 年 1 月 7 日，知友 @ 劉巍然─學酥寫了一段電腦程式，嘗試列舉出所有可能的解碼結果，並從中挑選出有意義的詞語。@ 劉巍然─學酥將這 6 段摩斯電碼可能的解碼結果分別輸出到 6 個不同的文字檔中。令人驚訝的是，這 6 段摩斯電碼對應的所有可能的解碼結果數量大大超乎預估。所生成的 6 個檔加起來的大小約為 238MB，所有可能的解碼結果的字元數加起來接近 2.4 億，如圖 1.2 所示。很顯然，要用人工方式在所有解碼結果中找到有意義的詞語，幾乎是不可能的任務。

圖 1.2　知友 @ 劉巍然─學酥用電腦程式生成的所有解碼結果儲存檔大小

　　既然不能用人工搜尋，能不能借助電腦強大的運算能力來進行搜尋呢？@ 劉巍然—學酥提出了一種可行的解決思路：將英文詞典導入到電腦程式中，讓電腦程式在所有解碼結果中自動查找有意義的詞語。再次執行修改後的電腦程式後，終於成功破解了前兩行摩斯電碼。第一個詞只有一個有意義的解碼結果，就是 HAPPY。第二個詞有兩種有意義的解碼結果：BIRTHDAY、THURSDAY。遺憾的是，電腦程式仍然無法在第三行的解碼結果中找到有意義的詞語。

　　時間又過了半年，2015 年 7 月 1 日，知友 @Hotaru 進一步指出了兩個關鍵問題。其一，第三行摩斯電碼中給出的空格是沒有意義的，屬於誤導資訊。其二，第三行可能是一句表白。透過這種逆向思維法，知友 @Hotaru 大膽猜測，第三行摩斯電碼「0001001110001001010 00110110000000010001001010001101100001100010001000100」的 開 始 部 分「00010011100010」可以分隔為「00/0100/111/0001/0」，即「I LOVE」；結 尾 部 分「000110001000100」可 以 分 隔 為「00/011/00/0100/0100」，即「I WILL」。知友 @Hotaru 還發現，第三行摩斯電碼的中間一部分「10110000」可以分隔為「1011/0/000」，即「YES」。但是，對於其餘部分，知友 @Hotaru 無法找到有意義的解碼結果。

　　同日，順著知友 @Hotaru 的思路，知友 @ 劉巍然一學酥進一步破解出一些有意義的結果。他認為第三行摩斯電碼的中間部分出現的「10110000」不應該解碼成「YES」，而是另有其意。此外，他還發現第三行中間部分有非常長的一段是重複的，即「00010011100010/010100 0110110/0000000100010/0101000110110/000110001000100」。結合第三行摩斯電碼的開始部分和結尾部分解碼出的結果，知友 @ 劉巍然一學酥

猜測「0101000110110」表示的可能是人名。透過調用所編寫的電腦程式，「0101000110110」一共有 2551 個可能的解碼結果。人工搜尋後，唯一有意義的解碼結果為「0/10/100/01/1/01/10」，即「ENDA TAN」。而兩個「0101000110110」中間的摩斯電碼「0000000100010」可以分隔為「00/0000/01/0001/0」，即「I HAVE」。知友 @ 劉巍然—學酥利用電腦程式，最終找到了第三行摩斯電碼的一種有意義的解碼結果，即：I LOVE ENDA TAN, I HAVE ENDA TAN, I WILL。至於故事的男主角是不是這位叫「ENDA TAN」的人，就不得而知了。

本以為這樣一個圓滿的愛情故事就這樣寫完了，但事情又出現了新的轉折。2017 年 5 月 20 日，知友 @Hotaru 提出了一種新的解碼思路。他指出，「EA」的摩斯電碼表示「001」還可以同時表示為英文字母「U」。同樣地，在「WAT」的摩斯電碼「011011」中，如果去掉前面的「01」，則剩餘部分為「1011」，解碼結果為英文字母「Y」。這樣，就可以在知友 @ 劉巍然—學酥的解碼結果中移除「ENDA TAN」，透過類似藏頭詩的方式，得到有意義的解碼結果：I LOVE U ALWAYS, HAVE U ALWAYS, I WILL。解碼結果如圖 1.3 所示。

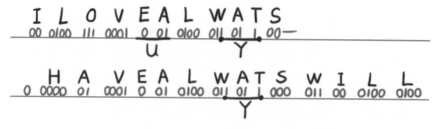

圖 1.3　知友 @Hotaru 提供的另一種解碼結果

　　無論以上哪種解讀方法是正確的，都不影響隱藏在這段摩斯電碼背後的美好愛情故事。

　　顯然，移除摩斯電碼中的「空格」或「停頓」會導致災難性的後果。另一種看似可行的解決方案是：同樣增加一個用於表示空格的摩斯電碼。那麼，要用哪個摩斯電碼來表示空格呢？鑑於空格在摩斯電碼中出現的頻率很高，對於出現頻率很高的字元，應該使用比較短的碼來表示，否則會導致編碼後的結果太長，影響資訊發送的效率。但是，較短的摩斯電碼已經被「E」「T」「A」「I」「M」「N」等字元占用了。因此，不得不使用稍長的摩斯電碼表示空格。然而，即使使用新的摩斯電碼表示空格，同樣會遇到「解碼錯誤」的情況，導致解碼困難。隨著電腦技術的發展，人們迫切需要新的編碼方法，其不僅適用於遠距離通訊，還適用於資料儲存。

1.1.3　博多碼與 ASCII 碼

　　之所以需要用「空格」或「停頓」分割一段摩斯電碼，其核心原因是：每個字元所對應的摩斯電碼長度各不相同，很容易因為分割位置錯誤導致多種解碼結果。既然如此，我們讓每一個字元對應的編碼都一樣長，這樣不就能形成一個固定的編碼分割方式了嗎？早在電腦誕生之前的 1874 年，便有人提出過這樣的編碼方式，那就是法國電報工程師博多（Emile Baudot）提出的博多碼（Baudot Code）。與摩斯電碼不同，博多碼固定使用五個「0」和「1」的組合表示一個字元。在看到用博多碼編碼的訊息時，資訊接收方需要以 5 為單位對「0」和「1」進行分割，並將分割出的「0」和「1」組合逐一恢復成字元，這樣就不需要使用特

殊的「停頓」或「空格」符號了。博多碼最初使用「＋」和「－」表示字元，而非「0」和「1」。為使其適用於電腦，人們只需要進一步規定「＋」表示「1」，「－」表示「0」即可。

　　舉例來說，當收到一串博多碼「－＋＋－－＋＋－＋＋＋＋＋－－＋＋＋－＋－＋－－－－－＋－－＋＋＋－＋－＋－－」時，首先以5為單位進行分割，得到「－＋＋－－，＋＋－＋＋，＋＋＋－－，＋＋＋－＋，－＋－－－，－－＋－－，＋＋＋－－，＋－＋－－」。隨後，查閱圖 1.4 給出的博多碼編碼表，得知「－＋＋－－」表示「I」、「＋＋－＋＋」表示「L」、「＋＋＋－－」表示「O」、「＋＋＋－＋」表示「V」、「－＋－－－」表示「E」、「－－＋－－」表示「Y」、「＋＋＋－－」表示「O」、「＋－＋－－」表示「U」，最終得到解碼結果：I LOVE YOU。

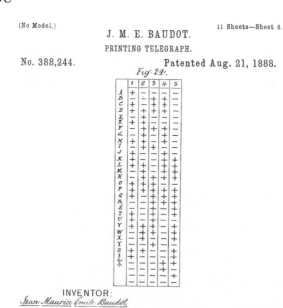

圖 1.4　1888 年博多碼早期版本的專利書（含博多碼編碼表）

　　講到這裡，有必要介紹一些電腦的專業術語。前文曾提到，電腦只能識別「0」和「1」兩種符號。無論被儲存、處理、發送的檔案是文字、圖片、音樂、影片，還是其他的形式，電腦都會先把它們轉換成「0」和「1」後再進行儲存、處理或發送。因此，儲存、處理或發送「0」和「1」的個數成為衡量電腦性能的重要指標。

　　既然是個指標，總得有個指標對應的單位吧？例如，長度的標準單位為米（m，公尺），還有毫米（mm，公釐）、釐米（cm，公分）、千米（km，公里）等輔助單位；時間的標準單位為秒（s），還有毫秒（ms）、分鐘（min）、小時（h）等輔助單位；質量的標準單位為千克（kg），還有克（g）、噸（t）、磅（lbs）等輔助單位。那麼，電腦中衡量「0」和「1」的個數的指標所對應的單位是什麼呢？

　　在電腦領域，把能儲存、處理或發送「0」和「1」的個數作為一個標準單位，叫作位元（bit），簡記為「b」。在日常生活中總會聽到諸如「我的桌上型電腦是 64 位元的」「我的筆電是 32 位元的」等類似描述。64 位元、32 位元指的就是電腦進行一次運算時處理「0」和「1」的總個數。位元也有自己的輔助單位，稱為位元組（Byte），簡記為「B」。電腦領域規定 8b ＝ 1B。位元所涉及的其他輔助單位還有 KB（Kilobyte）、MB（Megabyte）、GB（Gigabyte）、TB（Terabyte）、PB（Petabyte）等。在長度單位中，1000 毫米等於 1 米（1000mm ＝ 1m）、1000 米等於 1 千米（1000m ＝ 1km）。單從輔助單位的名稱來看，1000 byte 似乎應該等於 1KB、1000KB 似乎應該等於 1MB。但事實並非如此，Byte、KB、MB 等並不像毫米、米、千米一樣以 1000 為單位劃分，而是以 1024 為單位劃分。也就是說，1024 byte 等於 1KB、1024 KB 等

於 1MB，以此類推。

　　為何要以 1024 這樣一個奇怪的數為單位劃分呢？這是因為 1024 ＝ 2^{10}，在二進位下恰好可以用「1」和 10 個「0」表示。有的讀者可能聽過這個冷笑話：有人找程式設計師借 1000 元，程式設計師說：「湊個整數，給你 1024 元吧！」

　　在日常使用電腦的過程中，我們總是能聽到這些單位。稱一個隨身碟的儲存空間大約為 1GB，指的是這個隨身碟最多可儲存 1GB= 2^{10} MB=2^{20} KB = 2^{30} B=2^{33} b 的資訊，即最多可儲存 2^{33} 個「0」和「1」的組合。稱一個行動硬碟的儲存空間大約為 1TB，指的就是這個行動硬碟最多可儲存 1TB=2^{10} GB=2^{40} B=2^{43} b 的資訊，即最多可儲存 2^{43} 個「0」和「1」的組合。稱下載速度為 1MB/s，指的是電腦每秒鐘可以從網路上下載 1MB=2^{20} B=2^{23} b 的資訊，即電腦每秒可以收到 2^{23} 個「0」和「1」的組合。

　　在安裝寬頻的時候，網路營運商告知「網速可以達到 30M/s」，但實際的下載速度最高也就只能到 3M/s 至 4M/s，網路營運商是否在欺騙我們呢？它們所說的 30M/s 實際指的是 30Mb/s，也就是每秒鐘電腦可以從網上下載 30Mb=30×2^{20} b 的資訊。如果把 30Mb 以 MB 為單位換算，就得到 30Mb ＝ 30/8MB ＝ 3.75MB，因此 30Mb/s 網速的最大下載速度差不多就是 3~4MB/s，網路營運商並沒有欺騙我們。

　　繼續回顧編碼的發展歷程。雖然博多碼克服了摩斯電碼的最大缺點，但是以五個「0」和「1」為一組，即以 5 位元為一組進行編碼還是不夠用。利用高中數學中的排列組合知識可以算出，五個「0」和「1」放在一起最多也只能表示 2^5 ＝ 32 個字元：00000、00001、00010、

00011、⋯、11100、11101、11110、11111。英文當中，大小寫字母合計就有 52 個字元，超過了博多碼所能表示字元數的最大範圍。為讓博多碼可以表示更多的字元，博多進一步對博多碼進行了優化，修改為以 6 位元為一組表示一個字元，這樣便可以表示英文大寫字母（26 個）、小寫字母（26）個、數字（10 個），再加上英文標點符號「,」和「.」了。

　　為了讓博多碼表示更多的字元，電腦科學家開始嘗試以 7 個「0」和「1」為一組編碼字元。這種表示方法即為美國資訊交換標準代碼（American Standard Code for Information Interchange）──ASCII 碼了。表 1.4 顯示 ASCII 碼的編碼規則。ASCII 碼自推出以來得到了電腦製造商的廣泛認可，最終成了國際標準。

表 1.4　ASCII 碼對照表

編碼	意義	編碼	意義	編碼	意義	編碼	意義
0000000	空字元	0000001	標題開始	0000010	正文開始	0000011	正文結束
0000100	傳輸結束	0000101	請求	0000110	確認回應	0000111	響鈴
0001000	退格	0001001	水平定位符號	0001010	換行鍵	0001011	垂直定位符號
0001100	換頁鍵	0001101	回車（Enter）	0001110	取消變換	0001111	啟用變換
0010000	跳出資料通訊	0010001	裝置控制 1	0010010	裝置控制 2	0010011	裝置控制 3
0010100	裝置控制 4	0010101	確認失敗回應	0010110	同步用暫停	0010111	區塊傳輸結束
0011000	取消	0011001	連線媒介中斷	0011010	替換	0011011	登出鍵
0011100	檔案分隔符	0011101	分組符	0011110	記錄分隔符	0011111	單元分隔符

編碼	意義	編碼	意義	編碼	意義	編碼	意義
0100000	空格	0100001	!	0100010	"	0100011	#
0100100	$	0100101	%	0100110	&	0100111	'
0101000	(	0101001	)	0101010	*	0101011	+
0101100	,	0101101	-	0101110	.	0101111	/
0110000	0	0110001	1	0110010	2	0110011	3
0110100	4	0110101	5	0110110	6	0110111	7
0111000	8	0111001	9	0111010	:	0111011	;
0111100	<	0111101	=	0111110	>	0111111	?
1000000	@	1000001	A	1000010	B	1000011	C
1000100	D	1000101	E	1000110	F	1000111	G
1001000	H	1001001	I	1001010	J	1001011	K
1001100	L	1001101	M	1001110	N	1001111	O
1010000	P	1010001	Q	1010010	R	1010011	S
1010100	T	1010101	U	1010110	V	1010111	W
1011000	X	1011001	Y	1011010	Z	1011011	[
1011100	\	1011101	]	1011110	^	1011111	_
1100000	`	1100001	a	1100010	b	1100011	c
1100100	d	1100101	e	1100110	f	1100111	g
1101000	h	1101001	i	1101010	j	1101011	k
1101100	l	1101101	m	1101110	n	1101111	o
1110000	p	1110001	q	1110010	r	1110011	s
1110100	t	1110101	u	1110110	v	1110111	w
1111000	x	1111001	y	1111010	z	1111011	{
1111100			1111101	}	1111110	~	1111111	刪除

　　現代電腦仍然在使用ASCII碼。如果不特別指定所使用的編碼規則，且檔案中只包含英文字母和數字，那麼Windows作業系統中自帶的「記事本」應用程式便會自動以ASCII編碼並儲存這個檔案。想要驗證這一點，需要借助特殊的軟體或工具。其中一種工具是免費軟體Notepad＋＋，並需要安裝必要的外掛程式＊。在Windows作業系統中創建一個新的記事本檔案，並在檔案中隨便輸入一些英文字元，這裡輸入的是：This is a nodepad file encoded by ASCII.（這是一個用ASCII編碼的記事本檔案）。接下來，使用Notepad＋＋打開這個檔，顯示結果如圖1.5所示＊＊。對照表1.4的ASCII碼編碼規則，就可以發現編碼的對應關係了。值得注意的是，在「file」和「encoded」的ASCII碼之間多出了「0d」（也就是0001101）和「0a」（也就是0001010）這兩個字元。對照表1.4，可以看出這兩個字元的意思分別是「回車鍵」和「換行鍵」，這也是為什麼Windows作業系統中自帶的「記事本」會知道要在單詞「file」之後換行，再顯示「encoded」。

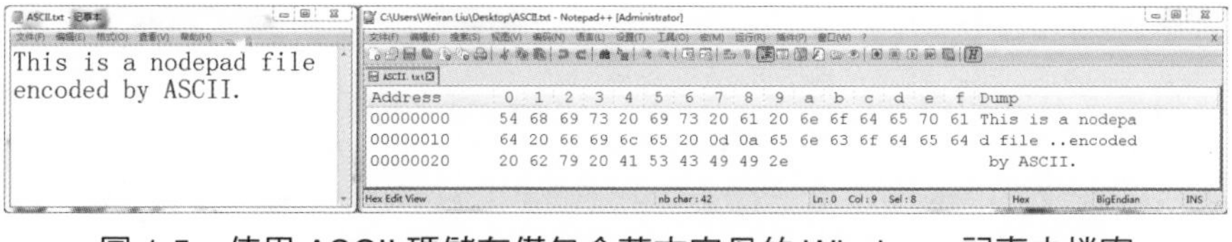

圖 1.5　使用 ASCII 碼儲存僅包含英文字母的 Windows 記事本檔案

＊　Notepad＋＋可以以位元組（Byte）的形式開啟檔案，幫助你了解電腦儲存檔案的形式。

＊＊ Notepad＋＋使用Base16表示一串「0」和「1」。別急，後面會講到什麼是Base16。

在知乎問題「情人節收到一串數字密碼，請高手翻譯：74.101.32.
116.105.109.101.33？」中，74 正是英文字母 J 的 ASCII 碼表示。對照
表 1.4，就會發現 J 正好是表的第 74 個字元。用相同的方式對問題中的
ASCII 碼進行解碼，最終可得到如表 1.5 所示的解碼結果。解碼結果「Je
time!」正是法文「Je t'aime!」——「我愛你！」的意思。原來看懂別人
的表白不僅需要學習密碼，還需要學習除了中文、英文以外的其他語言。

表 1.5　74.101.32.116.105.109.101.33 的對應關係

密碼	74	101	32	116	105	109	101	33
ASCII 碼	1001010	1100101	0100000	1110100	1101001	1101101	1100101	0100001
破解結果	J	e	空格	t	i	m	e	!

1.1.4　琳琅滿目的各國編碼標準

七個「0」和「1」總共可以表示 $2^7 = 128$ 個字元，這對於英文字元
來說已經足夠了。然而，世界上並不只有英文這種語言。人類語言各式
各樣，使用的字元也互不相同。舉例來說，德文中除了英文字母外，還
包含四個非英文字母：ä、ö、ü 和 ß。在數學公式中會經常見到用希臘
字母表示參數或變數的情況。希臘文中的小寫字母分別為 α、β、γ、δ、
ε、ζ、η、θ、ι、κ、λ、μ、ν、ξ、ο、π、ρ、σ、τ、υ、φ、χ、ψ、ω。如
何在電腦中表示這些非英文字元呢？解決方法還是一樣：進一步用更多
的「0」和「1」表示每個字元。對於在歐洲分布較廣的拉丁語系而言，
用八個「0」和「1」足以表示其包含的所有符號。為了讓電腦可以正確
地儲存並顯示自己國家的語言，各國分別提出了自己的編碼標準：支援
阿拉伯文的 Latin/Arabic 編碼、支援希臘文的 Latin/Greek 編碼、支援泰

文的 Latin/Thai 編碼，等等。

　　與字母的數量相比，漢字的數量多到可怕，如何在電腦中表示漢字呢？據統計，1994 年，漢語大約包含 85,000 個漢字，其中約有 2,400 個字為常用字，能夠應對約 99% 的日常漢語使用場景。然而，八個「0」和「1」最多也只能表示 $2^8 = 256$ 個字元，對於 2,400 個漢字來說還是小巫見大巫了。為了解決這個問題，中國國家標準總局專門推出了一套中文編碼標準，稱為 GB2312 標準＊。GB2312 收錄了簡體中文、符號、字母、日文假名等共計 7,445 個字元，基本上可滿足漢語的日常使用需求。GB2312 使用 16 個「0」和「1」，也就是兩個位元組（Byte）來表示一個漢字。這意味著 GB2312 理論上最多可以表示 $2^{16} = 65,536$ 個字元。

　　然而，GB2312 中的 7,445 個字元只涵蓋了簡體中文。如何在電腦中表示在中國香港與臺灣經常使用的繁體中文呢？為此，臺灣推出了繁體中文編碼標準，稱為大五碼（Big5）＊＊。大五碼同樣使用兩個位元組表示一個繁體漢字，共收錄了 13,461 個漢字和符號。為了讓電腦可以正確儲存並顯示更多漢字，中國＊＊＊於 1995 年推出了 GBK 標準＊＊＊＊、於 1993 年將 GBK 改進為 GB13000.1 標準，又於 2005 年將 GB13000.1 改進為 GB18030 標準。至此，所有漢字基本上都有了自己對應的編碼。

＊　　GB為中文「國標」的拼音首字母縮寫。

＊＊　之所以稱為大五碼，是因為此標準是1984年由臺灣財團法人資訊工業策進會聯合五大軟體公司制定的。這五大軟體公司是宏碁（Acer）、神通（MiTAC）、佳佳（JiaJia）、零壹（Zero One Technology）、大眾（FIC）。

＊＊＊ GBK 標準由中華人民共和國全國信息技術標準化技術委員會制定，GB13000.1 標準由中華人民共和國信息產業部制定，GB18030標準由國家質量監督檢驗總局和中國國家標準化管理委員會發布，這裡統一為「中國」制定和發布。

＊＊＊＊GBK為中文「國標擴展」的縮寫。

很多編碼已經隨著時代的發展而逐漸被淘汰。不過，如今我們還是可以在電腦中找到它們曾經存在的蛛絲馬跡。在微軟的辦公軟體Microsoft Word 2016 中，依次點擊【檔案】→【選項】，在左側的選單中選擇【進階】，往下拉，點擊【一般】標籤中的【Web 選項（P）...】按鈕，在【編碼】標籤頁的【將這份文件另存成（S）:】當中，就可以看到絕大多數歷史上存在過的編碼標準了，如圖 1.6 所示。

圖 1.6　Microsoft Word 2016 中支援的部分編碼標準

1.1.5　Unicode 與 UTF

在 20 世紀中後期，網際網路的誕生讓世界進入了全球通訊時代。然而，由於各國的電腦使用各國自己的編碼，不同國家的電腦利用網路傳輸資訊時，會出現令人頭痛的亂碼（Gibberish）問題。例如，一個國

家的電腦上處理的文字檔在另一個國家的電腦上打開時，字元根本無法
正常顯示。

　　為了徹底解決這個令人頭痛的問題，一群電腦科學家自發組織起
來，致力於創造一種全世界通用的編碼標準。經過不懈的努力，這個編
碼標準於 1991 年誕生，被稱為統一編碼標準，即 Unicode 標準。全世界
的電腦作業系統和應用程式都逐漸支援 Unicode 標準，從而根本上解決
了亂碼問題。截至 2016 年 6 月，Unicode 總共包含了 128,237 個字元，
基本上涵蓋了全世界各國語言的字元。

　　2017 年 5 月 18 日，Unicode 組織在其官方網站上宣布，表情符號
（Emoji）的 Unicode 編碼標準制定工作已經進入最終階段。未來，人們
日常聊天中使用的表情符號也有了其對應的 Unicode 編碼。圖 1.7 給出
了部分收錄於 Unicode 的表情符號。

圖 1.7　部分收錄於 Unicode 的表情符號

　　當然，人們在日常生活中已經廣泛使用表情符號了。難怪英國著名
的網路媒體公司 UniLad 在其社群媒體官方帳號上推送了圖 1.8 的圖片，
並吐槽道：

　　4000 年後，我們用回了同一種語言⋯⋯

圖 1.8　UniLad 公司在其社群媒體官方帳號上發出的感慨

　　Unicode 在使用過程中還存在一個問題。Unicode 並不是統一用相同數量的「0」和「1」來表示每個字元。Unicode 一般使用 8 個「0」和「1」表示英文字母，用 16 個「0」和「1」表示日常使用的漢字，用 24 個「0」和「1」表示表情符號。該如何讓電腦知道連續多少個「0」和「1」表示的是一個字元呢？電腦科學家進一步提出了統一編碼變換格式（Unicode Transformation Format，UTF）的標準來解決這個問題。UTF 標準一共包含三種格式，分別為 UTF-8、UTF-16 和 UTF-32。結合 UTF 和 Unicode，全世界電腦所使用的編碼達成了統一，人們終於可以使用電腦愉快而流暢地通訊，而不用擔心亂碼問題了。

　　如今日常生活中無處不在的二維碼（Two-Dimensional Code）其實

就使用了 Unicode 和 UTF 編碼標準＊。二維碼是由一個個黑色方格和白色方格組成的正方形點陣，其中黑色方格表示「1」，白色方格表示「0」。掃描二維碼時，得到的就是用黑色方格和白色方格表示的一串「0」和「1」。使用 Unicode 解碼這一串「0」和「1」，就能得到二維碼背後隱藏的資訊了。圖 1.9 中的二維碼包含了一段使用 Unicode 和 UTF-8 編碼的中文字元，試著用手機掃一掃，看看這個二維碼中包含了什麼資訊？

圖 1.9　試著掃一掃這個二維碼，看看掃描結果是什麼？

1.1.6　Base16、Base32 與 Base64

現在人們已經擁有一個全球通用的編碼來解決亂碼問題。但在使用電腦進行通訊時，還是會遇到字元顯示格式不準確的問題：明明從網頁上複製了排版很工整、格式很漂亮的一段文字，但貼到 Microsoft Word 裡之後，文字段落的格式卻全都亂掉了！造成這一現象的原因是，複製

＊　二維碼標準當中制定了多種編碼模式：數字編碼模式（Numeric Mode）、字元編碼模式（Alphanumeric Mode）、位元組編碼模式（Byte Mode）、日文編碼模式（Kanji Mode）、擴展通道解釋模式（Extended Channel Interpretation Mode）、混合編碼模式（Structured Append Mode）、FNC1模式（FNC1 Mode）。位元組編碼模式和混合編碼模式中可以使用Unicode和UTF進行編碼。

貼上時，用於表示字體大小、字體顏色、段落格式等資訊都沒有被複製過來。在這種情況下，就很有必要把格式資訊也轉換成人類看得見的字元。能不能提出一種方法，在複製和貼上網頁文字的時候，把這些顯示不出來的「0」和「1」也轉換成能正常顯示的字元呢？

為了解決這個問題，電腦科學家設計了多種方法，試圖將任意的「0」和「1」轉換成可以正常顯示的符號。最簡單的方法是，將「0」和「1」每四個分成一組，將這 2^4=16 種可能的組合分別用 0~9 和 A~F 這 16 個字元來表示，如表 1.6 所示。

表 1.6　位序列的十六進位表示

位序列	0000	0001	0010	0011	0100	0101	0110	0111
標記法	0	1	2	3	4	5	6	7
位序列	1000	1001	1010	1011	1100	1101	1110	1111
標記法	8	9	A	B	C	D	E	F

這就是位序列的十六進位（Hexadecimal）表示，或稱 Base16 表示。舉個例子，要用 Base16 表示一串位序列「01100110111100111011100000 01001110000100」。首先，將「0」和「1」按順序每 4 個分成一組，得到「0110, 0110, 1111, 1001, 1101, 1100, 0001, 0011, 1000, 0100」。隨後，用 0~F 分別替換每組中的「0」和「1」，得到「66F9DC1384」。這樣表示是不是簡單多了？將 Base16 編碼恢復成原始狀態也很簡單。在圖 1.5 中，我們曾經用 Notepad ＋＋打開一個記事本檔案，裡面顯示的內容為「54, 68, 69, 73, 20, 69, 73…」。根據編碼規則，5 表示的是 0101，4 表示的是 0100，分別進行替換，就可得到「01010100, 01101000, 01101001,

01110011, 00100000, 01101001, 01110011…」，再檢查表 1.4 的 ASCII 碼對照表，就知道這個記事本檔案儲存的是「This is…」了。之所以把這種編碼方法叫作 Base16，正是因為一共用了 16 個看得見的字元來表示一串「0」和「1」。

　　Base16 看起來不錯，但 Base16 只使用了 0~F 這 16 個字元。有沒有一種表示方法，能把所有看得見的字元都用上呢？如果能都用上的話，顯示結果看起來可能會更美觀一些。遵循這樣的思路，人們又提出了用 32 個看得見的字元表示一串「0」和「1」的編碼方法，以及用 64 個看得見的字元來表示一串「0」和「1」的編碼方法。這兩種編碼方法分別叫作 Base32 和 Base64。Base32 使用了數字 2~7、大寫字母 A~Z，共 32 個字元表示一串「0」和「1」，還使用特殊的字元「＝」作為填充符。還有一種 Base32 的變種，叫作 Base32hex，它使用了數字 0~9、大寫字母 A~V，共 32 個字元來表示一串「0」和「1」，同樣使用「＝」作為填充符＊。與 Base32 對應，Base64 使用數字 0~9、大寫字母 A~Z、小寫字母 a~z、加號「＋」和斜線「/」這 64 個字元來表示一串「0」和「1」，同樣也使用「＝」作為填充符。還有一種 Base64 的變種，叫作 Base64url，它用減號「－」和底線「＿」替代了 Base64 中的加號「＋」和斜線「/」＊＊。

　　在掃描一個二維碼後，手機經常會自動打開一個網頁，這又是怎麼做到的呢？實際上，用手機打開的每一個頁面，包括微信公眾號文章、知乎日報裡面的文章、微博上的文章，都有一個與之對應的網頁連結。

＊　Base32hex是為了充分使用Base16中使用的符號，即0~F。

＊＊Base64url是為了避免使用斜線「/」，這是因為描述檔案路徑、網址時會用到斜線「/」。

掃描二維碼時，如果解碼結果對應的是一個網頁連結，手機就會自動訪問這個連結。既然是個網頁連結，連結網址必須要用看得見的字元來表示，這時候就要用到 Base16、Base32 或 Base64 了。

　　微信公眾號文章所對應的網頁連結便使用了 Base64 進行編碼。下面我們一起來製作一個微信公眾號文章對應的二維碼，讓手機掃描這個二維碼後可以自動訪問此微信公眾號文章。知乎於 2017 年 5 月 13 日在微信公眾號上推送了一篇文章：《面對這場波及全球的網絡病毒攻擊，我該怎麼做？》複製文章的連結網址，這個連結的結尾「-TliR5YLiN_qFQwNn80Dng」就是使用 Base64url 表示的。接下來，在網路上找一個二維碼生成器。這裡使用的是「草料文本二維碼生成器」，將連結網址輸入到文字框中，產生對應的二維碼，如圖 1.10 所示。用手機掃一掃所生成的二維碼，就能自動跳轉到知乎微信公眾號推送的這篇文章了。

圖 1.10　掃一掃這個二維碼，會跳轉到知乎微信公眾號推送的文章

　　有關編碼的內容就講解到這裡。與真正意義上的密碼相比，編碼只要掌握其規律，就很容易判斷出其所使用的編碼方法，從而恢復出隱藏在編碼中的資訊。如果想向心儀的人含蓄表白，又能讓人較為輕鬆地得知你的心意，編碼不失為一種不錯的方式。

1.2 換個位置：移位密碼

我們正式開啟古典密碼學之旅。古典密碼學主要包含兩種設計思想：移位（Shift）和代換（Substitution）。用移位思想設計出的密碼稱為「移位密碼」（Shift Cipher）。用代換思想設計出的密碼稱為「代換密碼」（Substitution Cipher）。本節主要介紹移位密碼的設計思想。

在旅程的開始，先介紹一些密碼學中的專有名詞。在密碼學中，加密前的原始資訊稱為明文（Plaintext），加密後的資訊稱為密文（Ciphertext）。把明文轉換為密文的過程稱為加密（Encrypt），把密文恢復成明文的過程稱為解密（Decrypt）。大多數加密和解密過程都涉及一個只有加密/解密雙方才知道的祕密資訊。只有擁有這個祕密資訊，才能正確地解密密文。密碼學中將這個祕密資訊稱為金鑰（Key）。所謂破解，或稱密碼分析（Cryptanalysis），是指在不知道金鑰的條件下，從密文中得到與明文相關的一些資訊，恢復出部分甚至完整的明文。

1.2.1 移位密碼的起源：斯巴達密碼棒

所謂移位密碼，就是擾亂明文中的字元順序，讓密文看起來毫無意義。早在西元前 404 年，古希臘軍事重鎮斯巴達就有人使用了移位密碼——斯巴達密碼棒（Skytale）。據稱，當時用斯巴達密碼棒加密的密文最終是發送給古希臘的軍事家來山得（Lysander），明文的意思是向來山得發出警告，告訴他來自波斯的法那巴佐斯（Pharnabazus）正在計畫襲擊斯巴達。斯巴達密碼棒的英文「Skytale」的另一種寫法為

「Scytale」，這是因為其在希臘文中的寫法為「Σκνταλε」。

　　斯巴達密碼棒是一根木質的棒子。加密時，發送方把羊皮紙或皮革帶一圈接一圈地纏繞在密碼棒上，然後沿著棒子的方向逐行寫下明文。資訊寫完後，將羊皮紙或皮革帶從密碼棒上取下，就得到了一個看起來毫無意義的字母帶，即是密文。接收者收到字母帶後，將字母帶纏繞在自己的密碼棒上。只要接收者和發送者所用的密碼棒粗細相同，接收者就可以方便地解密密文。斯巴達密碼棒本身可以看作是加密中使用的金鑰。

　　下面用一個例子來解釋斯巴達密碼棒的使用方法。假設明文為：THE SCYTALE IS A TRANSPOSITION CIPHER（斯巴達密碼棒是一種移位密碼）。按照圖 1.11 的方法將紙帶纏繞在密碼棒上，逐行寫下明文。寫好後，將紙帶從密碼棒上取下，結果就呈現為：TNS EHCPIEI OS S PSACHITYETRTR IAAONL。斯巴達密碼棒的加密方法本質上就是打亂明文的字母順序。加密時橫向書寫明文，每行字母的數量由紙帶的長度決定。寫好明文後，按照從下至上、從左至右的順序抄寫字母，即可得到上文中提到的密文。

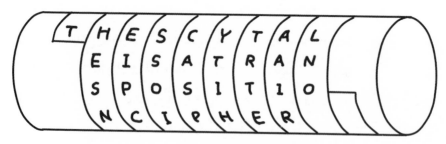

圖 1.11　斯巴達密碼棒的使用方法

　　大多數密碼科普讀物都把斯巴達密碼棒當作古典密碼學的經典實例。美國密碼協會（The American Cryptogram Association）甚至將其作為該協會的會標的核心組成元素，如圖 1.12 所示。但是，歷史上斯巴達密碼棒到底是不是用於加密，至今仍然存疑。希臘歷史學家凱利（T. Kelly）對於斯巴達密碼棒的用途就持有不同的觀點。他認為，斯巴達密碼棒的英文「Scytale」的本意只是「明文」或「儲存文字的工具」，斯巴達密碼棒被用於加密可能只是一種誤解。至於事實究竟如何，可能只有回到西元前 404 年才能找到答案了。

圖 1.12　美國密碼協會會標

1.2.2　柵欄密碼

　　在移位密碼中，擾亂字母位置而生成密文的方式有很多種。比較簡單的擾亂方法是在明文中樹立一個個「柵欄」，沿著柵欄樹立的方向重寫明文以得到密文。一般稱此類密碼為柵欄密碼（Rail-fence Cipher），或稱欄移位密碼（Columnar Transposition Cipher）。

　　最簡單的柵欄密碼是按照 Z 字形線路撰寫明文，最後橫向重

寫明文以得到密文。此類柵欄密碼屬於兩欄柵欄密碼。假定明文為
TRANSPOSITION CIPHERS（移位密碼），按照 Z 字形撰寫明文，如下：

```
T   A   S   O   I   I   N   I   H   R
  R   N   P   S   T   O   C   P   E   S
```

按照從左至右、從上至下的順序重寫明文，得到密文：
TASOIINIHRRNP STOCPES。

當然，柵欄並不一定非要設置成兩欄，還可以設置成三欄、
四欄，甚至更多。如果把柵欄擴大到四欄，按照 Z 字形撰寫明文
TRANSPOSITION CIPHERS，如下：

```
T           O           N           R
  R       P   S       O   C       E   S
    A   S       I   I       I   H
      N           T           P
```

按照從左至右、從上至下的順序重寫明文，得到密文：
TONRRPSOCESAS IIIHNTP。

也不一定非要按照 Z 字形來撰寫明文。最常見的柵欄密碼其實是把
明文寫成柵欄形式，再沿著另一個方向重寫明文。這類密碼也稱為格柵
密碼（Grille Cipher），由義大利數學家卡爾達諾（Girolamo Cardano）
發明。仍然假定明文為 TRANSPOSITION CIPHERS，將明文寫成 5×4
的格柵形式，如下：

T	R	A	N	S
P	O	S	I	T
I	O	N	C	I
P	H	E	R	S

按照從上至下、從左至右的順序重寫明文，得到密文：TPIPR OOHASNEN ICRSTIS。當然，還可以按照其他順序重寫明文。如果從下至上、從右至左重寫明文，可得到密文：SITSRCINENSAH OORPIPT。這個密文要比前者更具隱蔽性。

細心的讀者可能會發現，明文恰好包含 20 個字母，這才能恰好把明文寫成大小為 5×4 的格柵形式。如果明文長度不是 20 個字母，該如何設計格柵呢？實際上，可以根據明文的長度隨意設置格柵的長度和寬度。如果密文包含 72 個字母，則可以將格柵設計為 2×36、3×24、4×18、6×12、8×9、9×8、12×6、18×4、24×3、36×2 等多種形式。

如果明文長度無法分解成整數相乘的形式，可在明文後面隨意補充字母，將明文擴充到適當的長度。最常見的擴充字母為 X，因為 X 在英文中出現的頻率最低。然而，正因為 X 在英文中出現的頻率最低，因此想要破解格柵密碼的人看到密文後，很容易猜出 X 是擴充字母，進而可能猜測出格柵形式，從而完成破解。更安全的方法是使用英文中常見的字母擴充明文，如 E、T 等，這樣得到的密文會更具隱蔽性。仍然假定明文為 TRANSPOSITION CIPHERS，如果想使用 5×5 的格柵形式，可以在明文後面隨意擴充字母，如用字母 KETWO 擴充明文，再將明文寫成 5×5 的格柵形式，如下：

T	R	A	N	S
P	O	S	I	T
I	O	N	C	I
P	H	E	R	S
K	E	T	W	O

　　如果從上至下、從右至左重寫明文，便可得到新的密文：STISONIC RWASN ETROOHE TPIPK。

　　柵欄移位密碼的原理非常簡單。可以在柵欄的建構方法中使用非常複雜的技巧、使用多種明文重寫順序，以建構出各式各樣的柵欄移位密碼。

1.2.3　帶金鑰的柵欄移位密碼

　　上述柵欄移位密碼的特點是：無論如何設計柵欄、設計重寫明文的順序，只要密碼破譯者知道了柵欄的使用方法和重寫明文的順序，就可以輕易地破解密碼。因此，最好能在柵欄移位密碼中嵌入金鑰，讓柵欄移位密碼根據金鑰來決定重寫明文的順序，這樣可以大大增加隱蔽性。

　　以格柵密碼為例，常見的金鑰嵌入方法為：根據金鑰來決定格柵密碼中列的重寫順序。假定明文為 TRANSPOSITION CIPHERS，以自然對數 e ＝ 2.7182818284…為金鑰。首先，將明文寫成 5×4 的格柵形式。隨後，從金鑰 e 中得到格柵中列的重寫順序。e 的前 4 位小數為 7、1、8、2，第 5 位至第 9 位分別為 8、1、8、2、8，這幾個數字在前 4 位中已經出現過，因此移除。第 10 位為 4，未在前 4 位中出現過，因此保留。最終，從自然對數 e 中得到了不重複的 5 個小數位 7、1、8、2、4。接下來，

針對格柵的每一行（欄）分別用 7、1、8、2、4 編號，如下：

7	1	8	2	4
T	R	A	N	S
P	O	S	I	T
I	O	N	C	I
P	H	E	R	S

　　按照設置的編號順序從小到大、從上至下重寫明文，得到密文：ROOHNICRSTIST PIPASNE。

　　此外，還可以利用英文單詞作為金鑰。假定金鑰為英文片語 MY KEYS（我的金鑰），明文為 TRANSPOSITION CIPHERS，同樣將明文寫成 5×4 的格柵形式，移除金鑰中重複出現的字母 Y 後，將格柵的每一行用金鑰中字母在英文字母表中出現的位置編號。MY KEYS 中的字母 M、Y、K、E、S 在英文字母表中的位置依次是 13、25、11、05、19，用這 5 個數字作為格柵的每一行的編號，如下：

13	25	11	05	19
T	R	A	N	S
P	O	S	I	T
I	O	N	C	I
P	H	E	R	S

　　按照設置的編號順序從小到大、從上至下重寫明文，得到密文：NICRASNETPIPS TISROOH。

　　雖然用這種方法嵌入金鑰，可以擾亂格柵中列的重寫順序，但格

柵中的行的重寫順序仍然是固定的。還可以同時擾亂格柵中行和列的重寫順序，進一步提高隱蔽性。這類柵欄移位密碼被稱為雙格柵移位密碼（Double Transposition Cipher），其使用方法如下。仍然假定金鑰為MY KEYS，明文為 TRANSPOSITION CIPHERS。首先按照上文所述的方法擾亂格柵中列的重寫順序，得到密文 NICRASNETPIPS TISROOH。然後，將這個密文再次寫成 5×4 的格柵形式，再將每一行用金鑰 MY KEYS 編號。既然目的是要擾亂格柵中的行，為何這裡還是將每一行用金鑰編號呢？讀者們可以試一試將每一列用金鑰編號後生成密文，相信在重寫過程中就會發現問題所在。再次對每一行編號後，得到：

13	25	11	05	19
N	I	C	R	A
S	N	E	T	P
I	P	S	T	I
S	R	O	O	H

按照設置的編號順序從上至下重寫明文，得到最終的密文：RTTOCESONSISA PIHINPR。

利用類似的技巧還可以設計出更複雜的雙格柵移位密碼。例如，可以使用不同的金鑰擾亂格柵的列與行，也可以在擾亂格柵的列與行時使用不同的格柵。和只擾亂列的順序的移位密碼相比，雙格柵移位密碼已算是比較安全的一種加密方式了。美國密碼學家弗里德曼（William F. Friedman）也認為，雙格柵移位密碼是非常不錯的加密方式。

1.2.4 其他移位密碼

除了上述移位密碼外，密碼設計者還設計了很多有趣的移位密碼，例如格子密碼（Trellis Cipher）。格子密碼也叫棋盤密碼（Checkerboard Cipher），據稱最早也是由卡爾達諾於 1550 年提出。最簡單的格子密碼如圖 1.13 所示。加密時，首先將黑色格子置於棋盤左上角的方格中，在白色格子中從上至下、從左至右撰寫明文。在寫完 18 個明文字元後，將棋盤旋轉 90°，白色格子就被置於棋盤左上角了。繼續在白色格子中從上至下、從左至右撰寫明文。寫完之後，移除格子，從左至右、從上至下重寫明文，就得到了密文。圖 1.13 就是用此格子密碼加密明文「I WILL BE AT THE NATIONAL GRAND OPERA TODAY」（我今天會在國家大劇院）的步驟，最終生成的密文為：A LDTT II RE ENA LLOHOOWA ARAYG BPEDN INTAT。

圖 1.13 用格子密碼加密明文

格子密碼還有很多變種：格子可以設計得更複雜、格子數量可大可小。格子的使用方法也有很多種：可以按照任意角度旋轉柵格、可以正反使用柵格、柵格的旋轉中心點和旋轉方向也可以任意設置。卡爾達諾在提出格子密碼時，設計出的並不是圖 1.13 所示的簡單格子密碼，而是

一種更複雜的格子密碼。現在，一般把卡爾達諾所描述的這類格子密碼統稱為卡登格子（Cardan Grille）。之所以叫卡登格子，而不叫卡爾達諾格子，是因為卡爾達諾的法文名為卡登（Cardan）。在 17 世紀的歐洲，法國紅衣主教黎塞留（C. Richelieu）曾大量使用卡登格子密碼加密資訊。

　　卡登格子一共包含四種不同樣式的棋盤，如圖 1.14 所示。仔細觀察會發現，四種格子的白色部分合併起來正好可以布滿整個棋盤。加密時，從左至右分別將這四個格子放在棋盤上，在白色格子裡填入明文。明文都填寫完畢後，拿掉最後一個格子，棋盤上的內容就是密文了。圖 1.15 顯示用卡登格子加密明文「THE ABILITY TO DESTROY A PLANET IS INSIGNIFICANT COMPARED TO THE POWER OF THE FORCE DARTH VADER」（與達斯・維德的原力相比，摧毀一個星球的能力微不足道）的步驟。從左至右分別在四個格子的白色格子裡填入明文（包括空格）。依次使用四個格子填寫明文後，拿掉格子，得到密文，如圖 1.16 所示。

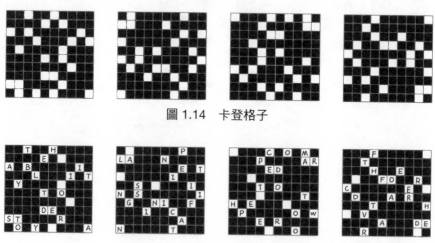

圖 1.14　卡登格子

圖 1.15　用卡登格子加密一段明文

		T	F	C	H	O	P	M	
L	A	T	P	E	N		D	A	R
A	E	B	H	E	D	E	E	I	T
			L	F	O	I	I	R	T
C	Y	S	T		O		E	I	
N	D	S		T	A	O	R	T	I
H	G	E	T	N	I			F	H
	P	V	I	D	E	C	O	I	W
S	T	J	E	A	R	R	A	D	E
N	O	R	Y			T	O		A

圖 1.16　卡登格子加密的密文結果

1.2.5　知乎上的移位密碼破解實例

2015 年 1 月，一位知友收到了一個女生寫給他的明信片，明信片中包含了一段看不懂的密碼，如圖 1.17 所示。該知友無奈地在知乎上提問「這串字元什麼意思？」，向廣大知友求助：

> 今天收到了暗戀的人的信啊！破解不了啊！求解啊！急啊！
>
> 字元是 MO UGILYT HWN OLH AIGVOIS TYEV NNHO. 5×6 = 153246
>
> 之前也給她寫過明信片，用了義大利語的 Ti a mo 表了個白，她也成功破解 了，現在給我發這個，不懂啊……
>
> 求破啊……

圖 1.17　知乎問題「這串字元什麼意思？」涉及的明信片

　　知友 @ 劉巍然—學酥無意中在瀏覽知乎「密碼學」主題時看到了這個問題。他首先想到，哪些古典密碼會涉及資訊「5×6 = 153246」呢？「5×6 = 153246」後面的 6 個數字恰好是從 1 到 6，也許暗示著閱讀的順序。是否能將密文等分為 6 組呢？算上空格，密文字元總個數是 35 個，並不能被 6 整除；不算空格，密文字元總個數是 29 個，也不能被 6 整除。難道這樣想是不對的？

　　回過頭來重新看看圖 1.17 的明信片。注意到了嗎？NNHO 後面還有一個字元「.」，去除空格並算上這個「.」的話，密文字元總個數恰好是 30 個，可以被 6 整除了！把密文的 30 個字元分成 5 組，得到「MOUGIL ／ YTHWNO ／ LHAIGV ／ OISTYE ／ VNNHO.」，再按照 153246 的順序讀，結果得到：「MIUOGL ／ YNHTWO ／ LGAHIV ／ OYSITE ／ VHNNH.」。雖然在第四個分組中含有一個有意義的單詞「SITE」，但是其他結果還是沒什麼意義，破解失敗。

　　明信片中的密碼是否使用了格柵密碼呢？當明文為 30 個字元時，可

以將格柵設置為 15×2、10×3、6×5、5×6、3×10、2×15 等六種形式。
考慮到明信片中給的「5×6 = 153246」這樣的提示，來試試 5×6 的格
柵。將字元劃分成 5×6 的格柵，從左至右、從上至下撰寫密文，得到：

M	O	U	G	I	L
Y	T	H	W	N	O
L	H	A	I	G	V
O	I	S	T	Y	E
V	N	N	H	O	.

最後一行是 Love！考慮到 153246 可能是各行的順序，依次對格柵
的各行編號，得到：

1	2	3	4	5	6
M	O	U	G	I	L
Y	T	H	W	N	O
L	H	A	I	G	V
O	I	S	T	Y	E
V	N	N	H	O	.

把格柵的行按照 1、5、3、2、4、6 的順序重新排列，得到：

1	5	3	2	4	6
M	I	U	O	G	L
Y	N	H	T	W	O
L	G	A	H	I	V
O	Y	S	I	T	E
V	O	N	N	H	.

　　依從上至下、從左至右的順序重寫密文，對應密文中的空格位置，最終得到破解結果：

MO UGILYT HWN OLH AIGVOIS TYEV NNHO.

MY LOVING YOU HAS NOTHING WITH LOVE.

　　這句話到底是什麼意思？知友 @ 劉巍然一學酥詢問了很多英文專業的朋友，得到了不同的答案。有的朋友說：我愛你是我的事，你愛不愛我無所謂。有的朋友說：我愛你與愛情無關，只是朋友之間的愛。總之，希望這是一個美好的結果。

1.3　換種符號：代換密碼

　　移位密碼使用起來雖然方便，但密文的隱蔽性仍然不夠好。這是因為移位密碼只是擾亂了明文中的字元順序，並沒有修改字元本身。因此，如果知道了移位密碼的加密方法，即使不知道金鑰，也可以嘗試用多種方式組合字元，從密文中得到部分明文的資訊，甚至最終徹底破解移位密碼。

　　雖然美國密碼學家弗里德曼認為雙格柵移位密碼已經比較安全了，但他給出這一結論的時間是 1923 年 5 月，那時候電腦還沒有誕生。如今，用電腦暴力窮舉所有可能的字母組合，並篩選出有意義的單詞片語，便能輕而易舉地破解移位密碼。在電腦尚未誕生的 1934 年，美國數學家庫爾貝克（S. Kullback）已經提出了雙柵欄移位密碼的通用破譯方法。此方法起初並未被公諸於世，原因是當時很多密文都是用移位密碼加密的，公開破解方法可能會引發嚴重的後果。直到 1980 年，這一通用破解方法才被美國國家安全局（National Security Agency，NSA）公開。

　　為了設計出更安全的密碼，密碼設計者進一步提出了一種新的古典密碼設計思想：代換密碼。代換密碼的設計思想也很直觀：既然可以擾亂明文中字元的位置，能不能「擾亂」這些字元本身？也就是說，能否把明文中的字元替換成其他的字元？

1.3.1　代換密碼的起源：凱撒密碼

　　代換密碼的提出最早可以追溯到西元前 100 年至西元前 50 年

的古羅馬時期。根據羅馬帝國歷史學家蘇維托尼烏斯（G. Suetonius Tranquillus）在《羅馬十二帝王傳》（*De Vita Caesarum*）的相關記載，古羅馬將軍和獨裁者凱撒大帝曾經設計並使用過一種密碼來對重要的軍事資訊進行加密：

如果需要保密，信中便使用暗號，也即是改變字母順序，使局外人無法組成一個單詞。如果想要讀懂和理解它們的意思，得用第四個字母代換第一個字母，即以 D 代 A，以此類推。

歷史上把這個密碼稱為凱撒密碼（Caesar Cipher）。

凱撒密碼對明文中的字元進行了簡單的代換處理，代換過程如圖 1.18 所示。為了區分代換前和代換後的字母，以下統一用小寫字母表示代換前的字母，大寫字母表示代換後的字母。如果明文是字母 a，則將其向後代換三個字母，a 被代換為 D。同理，b 被代換為 E，c 被代換為 F，以此類推，直到 w 被代換為 Z。對於明文中的字元 x 來說，向後代換三個字母後，字母已經超過了 Z，因此返回到字母 A。於是，x 被代換為 A，y 被代換為 B，z 被代換為 C。接收方得到密文後，把明文中的各個字元向前代換三個字母，就可以得到密文中隱藏的明文。

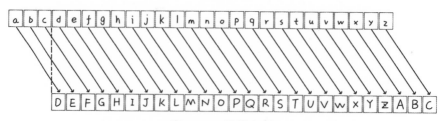

圖 1.18　凱撒密碼

　　舉例來說，假定待加密的明文為 transposition ciphers（移位密碼），根據圖 1.18 的代換方法，分別將 t 代換為 W、r 代換為 U、a 代換為 D，以此類推，最終得到密文：WUDQVSRVLWLRQ FLSKHUV。相比於利用較複雜的移位密碼所得到的加密結果，代換密碼加密得到的密文直觀上更具有隱蔽性。

　　雖然看似更具有隱蔽性，但實際上凱撒密碼的加密方法仍然過於簡單，最核心的問題是字母代換的位數是固定的。不過，如此簡單的加密方法在古羅馬時代已經可以達到加密效果了。實際上，當時凱撒大帝面對的敵人大部分都目不識丁。即使是極少數識字的敵人，在看到凱撒密碼的加密結果後，也很可能把密文當作某種未知的外語。根據現有的記載，在古羅馬時代，沒有任何技術能夠破解這個最基本、最簡單的代換密碼。現存最早的凱撒密碼破解方法記載於西元 900 年左右出版的著作之中。這種最簡單的代換密碼在 1000 年後才被破解，可見密碼學發展的初期，破解密碼的難度非常之大。

1.3.2　簡單的代換密碼

　　以上介紹的凱撒密碼就屬於最基本的一種代換密碼。代換密碼就是把明文中的字元逐一替換為另一個字元。凱撒密碼的字元代換表如表 1.7 所示。

，

表 1.7　凱撒密碼的字母代換表

a	b	c	d	e	f	g	h	i	j	k	l	m	n	o	p	q	r	s	t	u	v	w	x	y	z
↓	↓	↓	↓	↓	↓	↓	↓	↓	↓	↓	↓	↓	↓	↓	↓	↓	↓	↓	↓	↓	↓	↓	↓	↓	↓
D	E	F	G	H	I	J	K	L	M	N	O	P	Q	R	S	T	U	V	W	X	Y	Z	A	B	C

　　凱撒密碼中，明文被逐一向後代換了三個字母，密碼設計者進一步想到可以向後代換四個字母、五個字母，或者向前代換。在古典密碼的歷史長河中，密碼設計者使用了很多不同的代換位數，建構了不同的密碼，它們都屬於凱撒密碼的變種。最著名的代換位數為 13，對應的加密方法叫作回轉 13 位密碼（Rotate by 13 Places，ROT13）。與凱撒密碼相比，回轉 13 位密碼的最大特點是加密和解密的過程完全一致。加密時，將明文逐一向後代換 13 個字母；解密時，同樣將密文逐一向後代換 13 個字母。之所以滿足這個特性，是因為英文字母一共有 26 個，向後代換 13 個字母和向前代換 13 個字母的效果完全相同。回轉 13 位密碼的字母代換表如表 1.8 所示。

表 1.8　回轉 13 位密碼的字母代換表

a	b	c	d	e	f	g	h	i	j	k	l	m	n	o	p	q	r	s	t	u	v	w	x	y	z
↓	↓	↓	↓	↓	↓	↓	↓	↓	↓	↓	↓	↓	↓	↓	↓	↓	↓	↓	↓	↓	↓	↓	↓	↓	↓
N	O	P	Q	R	S	T	U	V	W	X	Y	Z	A	B	C	D	E	F	G	H	I	J	K	L	M

　　歷史上，回轉 13 位密碼最早於 1982 年 10 月 8 日使用在當日張貼的 NetJokes 新聞群組貼文中，目的是隱藏一些可能會侮辱到特定讀者的笑話、隱藏某個謎題的答案或隱藏八卦性的內容。NetJokes 是一個發布笑話和有趣圖片的網站，可以在上面找到很多好玩的笑話和圖片。

　　因為回轉 13 位密碼的加密方法非常簡單，也很容易被破解，所以這個密碼主要用於字母遊戲中。例如，很多英文單詞經過回轉 13 位密碼加密後，會得到另一個英文單詞，如英文單詞 abjurer（發誓放棄）的回轉 13 位密碼加密結果為 NOWHERE（任何地方都不）；英文單詞

chechen（車臣）的回轉 13 位密碼加密結果為 PURPURA〔（內科）紫
斑〕。值得一提的是，世界上有一項比賽叫作國際 C 語言混亂代碼大賽
（The International Obfuscated C Code Contest，IOCCC），這項比賽從
1984 年開始，除 1997 年、1999 年、2002 年、2006 年、2016 年以外每
年舉辦一次，目的是寫出最具創意又最讓人難以理解的 C 語言程式碼。
1989 年，國際 C 語言混亂代碼大賽收錄了一個 C 語言程式，作者是衛
斯里（B. Westley）。衛斯里的 C 語言程式實現了回轉 13 位密碼的加密
和解密。更神奇的是，其 C 語言程式本身也可以用回轉 13 位密碼加密，
且加密後的密文仍然是一個可執行的 C 語言程式。衛斯里 1989 年的獲
獎程式碼如圖 1.19 所示。

```
/**//*/};)/**/main(/*//**/tang        , gnat/**//*/, ABBA~,0-0(avnz;)0-0, tang, raeN
, ABBA(niam&&)))2-]--tang-[kri         - =raeN&&0<)/*clerk*/, noon, raeN){(!tang&&
noon!=-1&&(gnat&2)&&((raeN&&(          getchar(noon+0)))||(1-raeN&&(trgpune(noon
)))))||tang&&znva(/*//**/tang         , tang, tang/**|**//*/((||)))0(enupgrt=raeN
(&&tang!(||)))0(rahcteg=raeN(          &&1==tang((&&1-^)gnat=raeN(;;;)tang, gnat
, ABBA, 0(avnz;)gnat:46+]552&)191+gnat([kri?0>]652%)191+gnat=gnat
(&&)1-^gnat(&&)1& ABBA(!;)raeN, tang, gnat, ABBA(avnz&&0>ABBA{)raeN
, /**/);}znva(/*//**/tang, gnat, ABBA/**//*/(niam;}1-, 78-, 611-, 321
-, 321-, 001-, 64-, 43-, 801-, 001-, 301-, 321-, 511-, 53-, 54, 44, 34, 24
, 14, 04, 93, 83, 73, 63, 53, 43, 33, 85, 75, 65, 55, 45, 35, 25, 15, 05, 94, 84
, 74, 64, 0, 0, 0, 0, 0, 0, /**/){ABBA='N'==65;(ABBA&&(gnat=trgpune
(0)))||(!ABBA&&(gnat=getchar(0-0)));(--tang&1)&&(gnat='n'<=
gnat&&gnat<='z'||'a'<=gnat&&gnat<='m'||'N'<=gnat&&gnat<='Z'
||'A'<=gnat&&gnat<='M'?(((gnat&/*//**/31/**//*/, 21, 11, 01, 9, 8
, 7, 6, 5, 4, 3, 2, 1, 62, 52, 42, /**/)+12)%26)+(gnat&/*//**/32/**//*/,
22, 12, 02, 91, 81, 71, 61, 51, 41{=]652[kri];)/*pry*/)+65:gnat;main
(/*//**\**/tang^tang/**//*/, /*        */, ~/*//*-*/tang, gnat, ABBA-
0/**//*/(niam&&ABBA||))))tang(          rahcteg&&1-1=<enrA(||))tang(
enupgrt&&1==enrA((&&)2&gnat(&&          )1-^tang(&&ABBA!(;)85- =tang
(&&)'a\'=gnat(&&)1-==gnat(&&)4          ==ABBA(&&tang!;))))0(enupgrt=
gnat(&&)tang!((||)))0(rahcteg          =gnat(&&(&&ABBA;;)1-'A'=!
'Z'=tang(&&ABBA{)enrA(***/);gnat        ^-1&&znva(tang+1, gnat, 1+gnat);
main(ABBA&2/*//**\\**/, tang, gnat      , ABBA/**//*/(avnz/**/);}/*//**/
```

圖 1.19　衛斯里撰寫的收錄於 1989 年 IOCCC 的 C 語言程式

　　字母不一定非要向前和向後代換，還可以反向代換：將第一個英文字母 a 代換為最後一個英文字母 Z、將第二個英文字母 b 代換為倒數第二個英文字母 Y、將第三個英文字母 c 代換為倒數第三個英文字母 X，以此類推。這種代換密碼叫作埃特巴什密碼（Atbash Cipher）。歷史上已經無法考證埃特巴什密碼的提出時間了，只知道這個密碼最初用於加密希伯來文，而非英文。這裡要特別感謝 Unicode 編碼，正是因為它的存在，本書才能在安裝中文作業系統的電腦上正確輸入希伯來文的符號，而不用擔心出現亂碼問題。希伯來文所用的字母依次為 א（Alef）、ב（Bet）、ג（Gimel）、ד（Dalet）、ה（He）、ו（Vav）、ז（Zayin）、ח（Het）、ט（Tet）、י（Yod）、כ（Kaf）、ל（Lamed）、מ（Mem）、נ（Nun）、ס（Samekh）、ע（Ayin）、פ（Pe）、צ（Tsadi）、ק（Qof）、ר（Resh）、ש（Shin）、ת（Tav）。希伯來文的埃特巴什密碼字母代換表如表 1.9 所示。

表 1.9　希伯來語的埃特巴什密碼字母代換表

א	ב	ג	ד	ה	ו	ז	ח	ט	י	כ	ל	מ	נ	ס	ע	פ	צ	ק	ר	ש	ת
↓	↓	↓	↓	↓	↓	↓	↓	↓	↓	↓	↓	↓	↓	↓	↓	↓	↓	↓	↓	↓	↓
ת	ש	ר	ק	צ	פ	ע	ס	נ	מ	ל	כ	י	ט	ח	ז	ו	ה	ד	ג	ב	א

　　如果將埃特巴什密碼應用在英文上，則對應的字母代換表如表 1.10 所示。

表 1.10　英文的埃特巴什密碼字母代換表

a	b	c	d	e	f	g	h	i	j	k	l	m	n	o	p	q	r	s	t	u	v	w	x	y	z
↓	↓	↓	↓	↓	↓	↓	↓	↓	↓	↓	↓	↓	↓	↓	↓	↓	↓	↓	↓	↓	↓	↓	↓	↓	↓
Z	Y	X	W	V	U	T	S	R	Q	P	O	N	M	L	K	J	I	H	G	F	E	D	C	B	A

　　凱撒密碼、回轉 13 位密碼和埃特巴什密碼共同的缺點是，加密方法是固定的，並且字母代換位數也是固定的。雖然可以進一步修改凱撒密碼和回轉 13 位密碼的字母代換位數，但是一共只有 25 種字母代換位數的可能。如果知道密文是由凱撒密碼、回轉 13 位密碼、埃特巴什密碼或其他代換位數的凱撒密碼變種所加密的，則密碼破譯者可以嘗試所有可能的字母代換位數，從而破解此類密碼。

1.3.3　複雜的代換密碼

　　只要 26 個字母相互之間仍然滿足一對一的代換關係，就可以隨意設置字母代換的規則，進一步設計更複雜的代換方法。比如說，可以設計一個如表 1.11 的無規律字母代換表。

表 1.11　無規律字母代換表

a	b	c	d	e	f	g	h	i	j	k	l	m	n	o	p	q	r	s	t	u	v	w	x	y	z
↓	↓	↓	↓	↓	↓	↓	↓	↓	↓	↓	↓	↓	↓	↓	↓	↓	↓	↓	↓	↓	↓	↓	↓	↓	↓
O	E	A	C	K	H	M	F	I	B	D	Y	P	J	V	G	W	S	Z	T	R	L	N	Q	U	X

　　假定待加密的明文為 transposition ciphers（移位密碼），根據表 1.11 的字母代換方法，分別將 t 代換為 T、r 代換為 S、a 代換為 O，以此類推，最終得到密文：TSOJZGVZITIVJ AIGFKSZ。相比於凱撒密碼、回轉 13 位密碼和埃特巴什密碼，自訂的字母代換方法更加無規律，密文的隱蔽性更好，因此也更難被破解。

　　如果將字母代換表設置為金鑰，只要發送方和接收方所設置的字母代換表，也就是金鑰完全相同，接收方就可以正確解密並得

到明文。如此一來，代換密碼的金鑰個數便從之前的 25 個擴展至 $26!=26\times25\times24\times\cdots\times4\times3\times2\times1 \approx 4\times10^{26}$ 個。這個數字到底有多大呢？全世界所有沙灘上的沙子加起來大約有 10^{21} 粒；人體內總共包含大約 7×10^{27} 個原子。這麼看的話，所有可能的金鑰數量已經足夠多，密碼設計者無須再擔心密碼破譯者嘗試所有可能的字母代換方法來破解密碼了。

　　自訂字母代換的方法進一步提高了密碼的安全性，但隨之而來的一個麻煩是，完全隨機設計的自訂字母代換表實在是太難記憶了！能不能建構出既方便記憶、又能滿足安全性的字母代換表呢？為了解決這個問題，密碼設計者提出了很多有意思的字母代換表設計方法。最簡單的方法是選一個有意義的英文單詞，按照一定的規律根據英文單詞來建構字母代換表。首先，繪製一個字母代換表，代換結果留空，如表 1.12 所示。

表 1.12　繪製一個空的字母代換表

a	b	c	d	e	f	g	h	i	j	k	l	m	n	o	p	q	r	s	t	u	v	w	x	y	z
↓	↓	↓	↓	↓	↓	↓	↓	↓	↓	↓	↓	↓	↓	↓	↓	↓	↓	↓	↓	↓	↓	↓	↓	↓	↓

　　然後，選擇一個有意義的英文單詞，如 SUBSTITUTION（代換），並將這個英文單詞填寫到字母代換表中，注意去除英文單詞中重複的字母，如表 1.13 所示。

表 1.13　去除重複字母後，將英文單詞填入字母代換表

a	b	c	d	e	f	g	h	i	j	k	l	m	n	o	p	q	r	s	t	u	v	w	x	y	z
↓	↓	↓	↓	↓	↓	↓	↓	↓	↓	↓	↓	↓	↓	↓	↓	↓	↓	↓	↓	↓	↓	↓	↓	↓	↓
S	U	B	T	I	O	N																			

最後，按照英文字母順序，將剩餘的字母填入字母代換表中，得到如表 1.14 所示的完整字母代換表。

表 1.14　建構完整的字母代換表

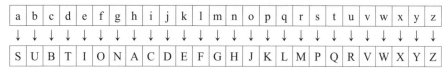

a	b	c	d	e	f	g	h	i	j	k	l	m	n	o	p	q	r	s	t	u	v	w	x	y	z
↓	↓	↓	↓	↓	↓	↓	↓	↓	↓	↓	↓	↓	↓	↓	↓	↓	↓	↓	↓	↓	↓	↓	↓	↓	↓
S	U	B	T	I	O	N	A	C	D	E	F	G	H	J	K	L	M	P	Q	R	V	W	X	Y	Z

這種代換密碼稱為關鍵字密碼（Keyword Cipher）。關鍵字密碼可以有效降低字母代換表的記憶難度，不過，它本身存在一個很嚴重的缺陷。觀察用 SUBSTITUTION（去除重複字母後為 SUBTION）產生的字母代換表，會發現從字母 v 開始，後面字母的明文和密文代換結果是一樣的。造成這一現象的原因是 SUBSTITUTION 這個詞所包含的字母中，排在英文字母表最靠後的字母為 U，U 以後的字母就不會被其他字母代換了。

修補這一缺陷的方法有很多，其中比較簡單的一個方法是，再選擇一個字母，根據這個字母在字母表中的位置來決定從哪裡開始填寫先前所選擇的英文單詞。假定所選擇的英文單詞仍為 SUBSTITUTION，多選擇的一個字母為 H。同樣繪製一個如表 1.12 的字母代換表。然後，從 H 處開始，將 SUBSTITUTION 去除重複字母後的 SUBTION 填到字母代換表中，如表 1.15 所示。

表 1.15　從 H 處開始將去除重複字母後的英文單詞填入字母代換表

a	b	c	d	e	f	g	h	i	j	k	l	m	n	o	p	q	r	s	t	u	v	w	x	y	z
↓	↓	↓	↓	↓	↓	↓	↓	↓	↓	↓	↓	↓	↓	↓	↓	↓	↓	↓	↓	↓	↓	↓	↓	↓	↓
							S	U	B	T	I	O	N												

最後，按照英文字母順序，將剩餘的字母填入字母代換表中，得到如表 1.16 的完整代換表。

表 1.16　修補缺陷後的字母代換表

a	b	c	d	e	f	g	h	i	j	k	l	m	n	o	p	q	r	s	t	u	v	w	x	y	z
↓	↓	↓	↓	↓	↓	↓	↓	↓	↓	↓	↓	↓	↓	↓	↓	↓	↓	↓	↓	↓	↓	↓	↓	↓	↓
Q	R	V	W	X	Y	Z	S	U	B	T	I	O	N	A	C	D	E	F	G	H	J	K	L	M	P

可以看出，所選的英文單詞越複雜，所得到的字母代換表越沒有規律性。美國作家勒代雷（R. Lederer）提供了一系列包含全部 26 個字母的英文句子，利用這些句子就可以建構相當複雜的字母代換表。

· Pack my box with five dozen liquor jugs.（包含 32 個字母）

· Jackdaws love my big sphinx of quartz.（包含 31 個字母）

· How quickly daft jumping zebras vex.（包含 30 個字母）

· Quick wafting zephyrs vex bold Jim.（包含 29 個字母）

· Waltz, nymph, for quick jigs vex Bud.（包含 28 個字母）

· Bawds jog, flick quartz, vex nymphs.（包含 27 個字母）

· Mr. Jock, TV quiz Ph.D., bags few lynx.（包含 26 個字母）

1.3.4　將字母代換成符號

不僅可以將字母代換為字母，還可以把字母代換成其他符號。在密碼設計者的精巧設計下，字母可以被代換成數字、圖案，甚至是音符。

最經典的符號代換密碼莫過於豬圈密碼（Pigpen Cipher）了。顧名

思義，代換字母所用到的符號看起來就像家豬被圈在豬圈中。在 18 世紀，共濟會常常使用這種密碼進行祕密通訊，因此豬圈密碼又被稱為共濟會密碼（Masonic Cipher）。豬圈密碼的建構方法如圖 1.20 所示。

圖 1.20　豬圈密碼

根據圖 1.20，可以建構出豬圈密碼的字母符號代換表，如圖 1.21 所示。

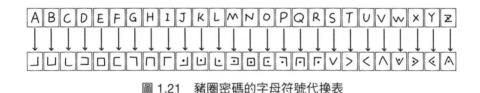

圖 1.21　豬圈密碼的字母符號代換表

圖 1.22　歐洲的玫瑰十字會曾經使用的豬圈密碼變種

豬圈密碼還有很多變種版本。18 世紀歐洲的玫瑰十字會（Rosicrucianism）所使用的是如圖 1.22 的豬圈密碼變種版本。網友「474891621」

在百度「密碼吧」中曾發布了一個如圖 1.23 的豬圈密碼變種。

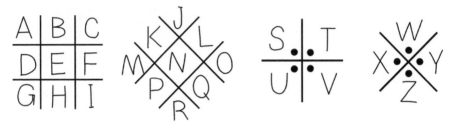

圖 1.23　網友「474891621」發布的豬圈密碼變種

　　當然，還可以將豬圈密碼與字母代換結合起來，建構出更為複雜的代換密碼。例如，可以先用自己建構的字母代換表，對字母進行一次代換；隨後，再使用豬圈密碼再一次進行代換。可想而知，這樣的密碼隱蔽性更強，更加難以破解。

　　有趣的是，美國紐約三一教堂（Trinity Church）中，有一位死者的墓碑上竟然刻著豬圈密碼。墓穴的主人叫詹姆斯‧利森（James Leeson），生於 1756 年，逝於 1794 年，享年 38 歲。他的墓碑吸引了無數殯儀藝術愛好者和密碼學愛好者前來瞻仰和破解。

　　利森的墓碑如圖 1.24 所示。碑上寫著：Here lies depofited the Body of James Leeson（詹姆斯‧利森的遺體長眠於此）。墓碑上方的邊緣處便刻著一行像是豬圈密碼的符號。這裡所使用的豬圈密碼和標準豬圈密碼有所不同：左起第一個符號中的方框內有兩個點，而之前所介紹的豬圈密碼中並不包含這樣的符號。

　　在殯儀藝術愛好者和密碼學愛好者的共同努力下，這個豬圈密碼的變種最終得到破解。破解結果在 1899 年發布於圖書《三一記錄》（*Trinity*

Record）中。利森墓碑上所使用豬圈密碼的字母符號代換表如圖 1.25 所示。根據此代換表，可以得知墓碑上密碼的意思是：Remember Death（紀念死亡）。

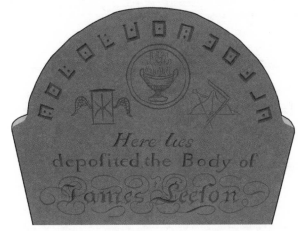

圖 1.24　詹姆斯‧利森的墓碑，位於美國紐約的三一教堂

Ȧ	Ḃ	Ċ		K̈	L̈	M̈		T	U	V
Ḋ	Ė	Ḟ		N̈	Ö	P̈		W	X	Y
Ġ	Ḣ	İ		Q̈	R̈	S̈		Z	–	–

圖 1.25　詹姆斯‧利森墓碑上所使用的豬圈密碼變種

　　將字母代換為音符也是一種很有創意的代換方式。奧地利著名作曲家莫札特就曾設計過一個將字母代換為音符的密碼，如圖 1.26 所示。此代換密碼最終被密碼學家奈特（H. Knight）破解。整個密文對應的明文

為：Cryptology is mathematics in the same sense that music is mathematics
（密碼學是一種數學，就像音樂是一種數學一樣）。

圖 1.26　奧地利作曲家莫札特設計的音樂密碼

1.3.5　代換密碼的安全性

代換密碼的金鑰個數已經非常多了，如果進一步用符號代換字母，代換的方法更是無窮無盡。雖然密碼破譯者無法用遍歷所有金鑰的方法來破解代換密碼，但這就代表代換密碼百分之百安全嗎？答案當然是否定的。下面就用一個實例來看看如何破解代換密碼。

在《福爾摩斯探案集：跳舞的人》（*The Adventures of Sherlock Holmes: The Dancing Men*）中，偵探福爾摩斯收到了委託人希爾頓・丘比特先生提供的一系列看似毫無意義的符號，符號是一些跳舞小人，如圖 1.27 所示。這些符號似乎是要給丘比特太太看的。福爾摩斯成功破解了跳舞小

人中隱藏的密碼。來看看福爾摩斯是怎麼破解的。

希爾頓・丘比特先生第一次到訪帶來的密碼：

希爾頓・丘比特先生第二次到訪帶來的密碼：

希爾頓・丘比特先生第三次到訪帶來的密碼：

圖 1.27　《福爾摩斯探案集：跳舞的人》中出現的密碼

「……只要一看出這些符號是代表字母的，再應用祕密文字的規律來分析，就不難找到答案。在交給我的第一張紙條上那句話很短，我只能稍有把握假定 代表 E。你們也知道，在英文字母中 E 最常見，它出現的次數多到即使在一個短句子中也是最常見的。第一張紙條上的 15 個符號，其中有 4 個完全一樣，因此把它估計為 E 是合乎道理的。在這些圖形中，有的還帶一面小旗，有的沒有小旗。從小旗的分布來看，帶

旗的圖形可能是用來把這個句子分成一個一個的單詞。我把這看作一個可以接受的假設，同時記下 E 是用 ✗ 來代表的。

「可是，現在最難的問題來了。因為除了 E 之外，英文字母出現次序的順序並不很清楚。這種順序，在平常一頁印出的文字裡和一個短句子裡，可能正好相反。大致說來，字母按出現次數排列的順序是 T、A、O、I、N、S、H、R、D、L；但是，T、A、O、I 出現的次數幾乎不相上下。要是把每一種組合都試一遍，直到得出一個意思來，那會是一項無止境的工作。所以，我只好等來了新材料再說。希爾頓‧丘比特先生第二次來訪的時候，果真給了我另外兩個短句子和似乎只有一個單詞的一句話，就是這幾個不帶小旗的符號。在這個由五個符號組合的單詞中，我找出了第二個和第四個都是 E。這個單詞可能是 sever（切斷），也可能是 lever（槓桿），或者 never（絕不）。毫無疑問，使用最後這個詞來回答一項請求的可能性極大，而且種種情況都表明這是丘比特太太寫的答覆。假如這個判斷正確，我們現在就可以說，三個符號分別代表 N、V 和 R。

「即使這樣，我的困難仍然很大。但是，一個很妙的想法使我知道了另外幾個字母。我想起假如這些懇求是來自一個在丘比特太太年輕時就跟她親近的人的話，那麼一個兩頭是 E、當中有三個別的字母的組合很可能就是 ELSIE（艾爾西）這個名字。我一檢查，發現這個組合曾經三次構成一句話的結尾。這樣的一句話肯定是對『艾爾西』提出的懇求。這樣一來我就找出了 L、S 和 I。可是，究竟懇求什麼呢？在『艾爾西』前面的那個詞，只有四個字母，最後一個是 E。這個詞必定是 Come（來）無疑。我試過其他各種以 E 結尾的四個字母組成的單詞，都不符合情況。

這樣我就找出了 C、O 和 M，而且現在我可以再來分析第一句話，把它分成單詞，不知道的字母就用點代替。經過這樣的處理，這句話就成了這種樣子：

· M · E R E · · E S L · N E

現在，第一個字母只能是 A。這是最有幫助的發現，因為它在這個短句中出現了三次。第二個詞的開頭是 H 也是顯而易見的。這一句話現在成了：

A M H E R E A · E S L A N E

再把名字中所缺的字母填上：

A M H E R E A B E S L A N E
（我已到達。阿貝‧斯蘭尼）

我現在有了這麼多字母，能夠很有把握地解釋第二句話了。這一句讀出來是這樣的：

A · E L R I · E S

我看這一句中，我只能在缺字母的地方加上 T 和 G 才有意義（意為：住在埃爾里奇），並且假定這個名字是寫信人住的地方或是旅店。

……

「……就在我接到回電的那天晚上，希爾頓‧丘比特給我寄來了阿貝‧斯蘭尼最後畫的一行小人。用已經知道的這些字母譯出來就成了這樣的一句話：

ELSIE ‧RE‧ARE TO MEET THY GO

再填上 P 和 D，這句話就完整了（意為：艾爾西，準備見上帝），而且說明了這個流氓已經由勸誘改為恐嚇……」

從福爾摩斯的破解過程中，讀者們或許已經察覺到代換密碼的缺陷了。由於字母與字母，或字母與符號是一一對應的，這就意味著一段文字中相同明文字母的密文代換結果也一定相同。每種語言本身都有其規律和特性，利用這一點便不難從密文中探尋出蛛絲馬跡。這種密碼分析方法被密碼學家稱為頻率分析攻擊（Frequency Analysis Attack）。

以英文為例，英文中每個字母在使用中出現的頻率是不一樣的。隨著文本長度的增加，這種規律會越發明顯。英文字母出現頻率分布表請參考表 1.17。可以看出，字母 E 在使用中出現的機率最高，其次是 T、A、O 等。在同一個代換密碼中，相同字母的代換結果一定相同，因此密碼破譯者可以透過分析密文中字母或符號出現的頻率高低，判斷各個字元或符號所對應的明文字母，進而完成破解。

另一方面，英文中固定詞語出現的頻率也非常高。常用的簡單單詞，如 THE、IT、IS 等都會頻繁出現在英文文本中。進一步，還可以從密文中相同的兩個相鄰字母或符號作為出發點，對密文進行破解。統計表

明，英文文本中出現頻率最高的相同相鄰字母為 LL，其次為 SS、EE、OO、TT、FF 等。應用英文單詞本身的規律適當進行嘗試，密碼破譯者極有可能從密文中恢復出部分甚至全部的明文，同時恢復出加密時所使用的符號代換表。不僅是英文，法文、西班牙文、葡萄牙文、義大利文、德文等語言都具有類似的特性。

表 1.17 英文字母頻率分布表，特別標註的是出現頻率最高的五個字母

字母	頻率	字母	頻率
A	0.08167	N	0.06749
B	0.01492	O	0.07507
C	0.02782	P	0.01929
D	0.04253	Q	0.00095
E	0.12702	R	0.05987
F	0.02228	S	0.06327
G	0.02015	T	0.09056
H	0.06094	U	0.02758
I	0.06966	V	0.00978
J	0.00153	W	0.02360
K	0.00772	X	0.00150
L	0.04025	Y	0.01974
M	0.02406	Z	0.00074

1.4 密碼吧神帖的破解

現在，是時候來看看百度「密碼吧」神帖的破解方法了。樓主「HighnessC」收到的密文是：

****− / *−−−− / −−−−* / ****− / ****− / *−−−− / −−−** / *−−−− / ****− / *−−−− / −**** /

−− / *− / *−−−− / −−−−* / **−−− / −**** / **−−− / **−−− / ***−− / −−*** / ****− /

1.4.1 第一層密碼：摩斯電碼

第一層密碼的難度並不大，網友「PorscheL」第一時間在 6 樓給出了第一層密碼的破解方法。如果了解摩斯電碼的相關知識，很容易發現第一層密碼從形式上符合摩斯電碼的特性。根據表 1.2 進行解碼，可以得到：4194418141634192622374。

1.4.2 第二層密碼：手機鍵盤代換密碼

網友「幻之皮卡丘」在 38 樓指出，第二層密碼的密文中，數字有偶數個，並且注意到「41」這一組合出現過數次。網友「片翌天使」在83 樓指出，「幻之皮卡丘」的提示讓他想到了手機。對第二層的密碼進行分組，可以得到：41 94 41 81 41 63 41 92 62 23 74，並且每個組合的個位數都不超過 4。特別地，只有當十位數為 7 或 9 時，個位數才出現

4。在 2009 年，一般用戶的手機使用的都是九宮格鍵盤。九宮格鍵盤如圖 1.28 所示。不難發現，僅有 7 和 9 這兩個數字後面跟了四個英文字母，1 後面僅有標點符號，而其餘數字後面都是三個字母。因此，可以建構出如表 1.18 的字母代換表。

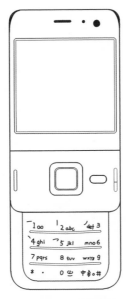

圖 1.28　配備九宮格鍵盤的手機

表 1.18　九宮格鍵盤字母代換表

a	b	c	d	e	f	g	h	i	j	k	l	m
↓	↓	↓	↓	↓	↓	↓	↓	↓	↓	↓	↓	↓
21	22	23	31	32	33	41	42	43	51	52	53	61

n	o	p	q	r	s	t	u	v	w	x	y	z
↓	↓	↓	↓	↓	↓	↓	↓	↓	↓	↓	↓	↓
62	63	71	72	73	74	81	82	83	91	92	93	94

　　按照上述的字母代換表破解密文，可以得到：GZGTGOGXNCS。

1.4.3　第三層密碼：電腦鍵盤代換密碼

　　隨後，網友「巨蟹座的傳說」在 93 樓給出了第二層密碼的另一種可能代換方式。他指出，第二層密碼會不會是電腦鍵盤代換密碼。電腦鍵盤如圖 1.29 所示。「巨蟹座的傳說」猜想，數字 1 是否表示電腦鍵盤數字 1 下面的字母 Q？以此類推，2 可以代換為 W，3 代換為 E，0 代換為 P。

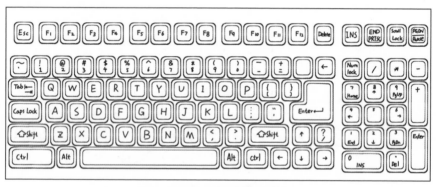

圖 1.29　標準的電腦鍵盤

　　受到「巨蟹座的傳說」啟發，網友「片翌天使」在 207 樓指出，樓主「HighnessC」從心儀的女生那裡得到的提示中說：「有一個步驟是『替代密碼』，而密碼表則是我們人類每天都可能用到的東西。」那麼這個東西很可能就是鍵盤。有很多種利用鍵盤來建構出字母代換表的方法。「片翌天使」使用了最標準的代換方法：將鍵盤字母區按照從左至右、從上至下的順序依次代換成英文中的原始字母順序，即 Q 代換為 A，W

代換為 B，以此類推，最後 M 代換為 Z，如圖 1.30 所示。

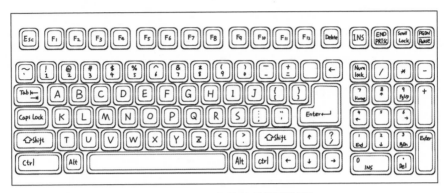

圖 1.30 字母代換後的電腦鍵盤

根據電腦鍵盤的字母代換規律，可以產生如表 1.19 的字母代換表。用這個字母代換表破解第三層密碼 GZGTGOGXNCS，得到 OTOEOIOUYVL。

表 1.19 電腦鍵盤字母代換表

a	b	c	d	e	f	g	h	i	j	k	l	m	n	o	p	q	r	s	t	u	v	w	x	y	z
↓	↓	↓	↓	↓	↓	↓	↓	↓	↓	↓	↓	↓	↓	↓	↓	↓	↓	↓	↓	↓	↓	↓	↓	↓	↓
Q	W	E	R	T	Y	U	I	O	P	A	S	D	F	G	H	J	K	L	Z	X	C	V	B	N	M

1.4.4 第四層和第五層密碼：格柵密碼與字母逆序

從第三層的破解結果中基本上已經能看出明文是什麼了：唯一一個符合邏輯的答案應該是 I LOVE YOU TOO。但是，如何從 OTOEOIOUYVL 得到 I LOVE YOU TOO 呢？首先，第四層需要使用 2×6 的格柵密碼。將 OTOEOIOUYVL 按照 2×6 的格柵劃分，得到：

O	T	O	E	O	I
O	U	Y	V	L	

　　按照從上至下、從左至右的順序重寫密文，得到：OOTUOYEVOLI。

　　第五層密碼是明文的簡單逆序重寫。將密文從後往前撰寫，最終得到明文：I LOVE YOU TOO。到這裡，「片翌天使」才最終確定明文，並肯定樓主有一個非觸控式螢幕、鍵盤是九宮格形式的手機，並且樓主還擁有一台電腦或者經常接觸電腦＊。祝樓主「HighnessC」幸福！

　　至此，古典密碼的介紹就暫時告一段落。歷史上，密碼設計者還設計出了各式各樣的古典密碼，但它們基本上都可以被歸為移位密碼或代換密碼的變種，如波利比奧斯方陣（Polybius Square）密碼屬於移位密碼中的棋盤密碼；波雷費（Playfair）密碼屬於代換密碼；同音替換（Homophonic Substitution）密碼是比一般代換密碼安全性稍強的代換密碼；仿射（Affine）密碼也屬於代換密碼。古典密碼對於情侶表白、字母遊戲來說已經足夠了，但是，當密碼真正用於日常安全通訊，甚至用於軍事通訊時，不安全的密碼將會導致慘痛的後果。

　　下一章將介紹軍事戰爭中所使用的密碼。從現代密碼學的角度看，這些密碼仍然不夠安全，大多都無法逃脫被破解的命運。然而，正是由於這些密碼的出現，密碼設計者才得以探索出設計安全密碼的核心思想，最終讓密碼為軍事通訊的安全作出貢獻。

　　有關編碼部分，可以閱讀麥克恩瑞（Anthony McEnery）和肖中華所寫的〈語料庫建構中使用的編碼規範〉（Character Encoding in Corpus

---

＊　別忘了，這是2009年的密碼破解題目，那時電腦尚未像如今這樣普及。

Construction），這篇論文涵蓋了電腦發展史中出現過的所有編碼規範。蘭皮斯伯格（Harald Lampesberger）在其論文〈網頁和雲服務交互技術綜述〉（Technologies for Web and Cloud Service Interaction: A Survey）中，詳細總結了網路中使用的編碼標準，也非常值得一讀。如果對二維碼原理感興趣，可以瀏覽網友陳皓在酷殼上發表的博客文章〈二維碼的生成細節和原理〉。

　　有關古典密碼學部分，可以閱讀鮑爾（Craig P. Bauer）所寫的書《密碼歷史：密碼學故事》（*Secret History: The Story of Cryptology*）的第一章「古代起源」、第二章「單表代換密碼：明文的偽裝」，以及第四章「移位密碼」。這本書總結得比較全面，難度適中。如果覺得這本書的內容專業性太強，較難理解，也可以嘗試閱讀賽門‧辛（Simon Singh）所寫的書《碼書》（*The Code Book*，中譯本由台灣商務出版）的第一章「瑪麗女王的密碼」。

　　有關古典密碼學中蘊含的數學原理，可以參考閱讀斯汀森（Douglas R. Stinson）所寫的書《密碼學原理與實踐（第三版）》（*Cryptography: Theory and Practice,* Third Edition，簡中譯本由電子工業出版社出版）的第一章「古典密碼學」。這本書從數學原理層面剖析了古典密碼學的設計思想，並深入分析了古典密碼學的安全性。

02

+ + + + +

「今天有小雨，無特殊情況」

戰爭密碼：
生死攸關的較量

　　2014 年，英美共同拍攝製作了歷史劇情片《模仿遊戲》（*The Imitation Game*）。該片講述了英國數學家、邏輯學家、密碼分析學家和電腦科學家艾倫・圖靈（Alan Turing）在第二次世界大戰中幫助盟軍破譯納粹德國的軍事密碼恩尼格瑪（Enigma）的真實故事。在第二次世界大戰中，圖靈獲得軍情六處的祕密任命，與一群專家組成破解小組，試圖破解德軍所使用的、號稱當時世界上最精密的加密系統：恩尼格瑪機（Enigma Machine）。圖靈在破解過程中遭遇了重重挫折，不斷攻克難關，最終研發出了破譯恩尼格瑪機的裝置，依靠此裝置獲取了納粹德國的大量軍事機密。這些破譯出的寶貴訊息最終幫助盟軍成功擊敗了納粹德國。然而第二次世界大戰結束多年後，圖靈因被揭發具有同性戀傾向，被英國政府宣判有罪。

　　《模仿遊戲》中飾演男主角圖靈的是以臉長著稱的英國演員班奈狄克・康柏拜區（Benedict Cumberbatch）。他於 2010 年起主演系列電視劇《新世紀福爾摩斯》（*Sherlock*），以其精湛純熟的演技和豐滿立體的人物塑造，在全球範圍內折服了大批觀眾，並被中國的劇迷親切地稱為「卷福」。《模仿遊戲》一上映便好評如潮，獲得第 39 屆多倫多電影節最高殊榮「人民選擇獎最佳影片」、第 22 屆漢普頓國際電影節「艾爾弗雷德・P・史隆故事片獎」、2015 年美國編劇工會獎「最佳改編劇本」等重量級獎項。在第 87 屆奧斯卡金像獎中，《模仿遊戲》獲得「最佳影片」「最佳導演」「最佳改編劇本」「最佳男主角」等 8 項大獎提名，並最終獲得「最佳改編劇本獎」。

　　然而，在欣賞影片之餘，很多影迷表示光是看電影無法完全理解圖靈破解恩尼格瑪機的整個過程。《模仿遊戲》是近年來少有的密碼學科

普電影。電影的劇本改編得相當嚴謹，基本上還原了真實的歷史。當然，為了增加故事性和藝術表現力，電影中還夾雜了一些支線劇情。正因為《模仿遊戲》對歷史的還原度很高，如果沒有基本的密碼學知識，很難深入理解《模仿遊戲》中隱含的密碼學原理。

《模仿遊戲》中不僅講述了圖靈破解恩尼格瑪的方法，還引入了很多古典密碼學的原理。2015 年 1 月，一位知友在知乎上提了一個問題：「《模仿遊戲》中『P ZQAE TQR』是用什麼密碼譯的？」這位知友在題目中給出了電影於 1 時 4 分 50 秒的畫面，如圖 2.1 所示，詢問影片中圖靈與幼時朋友祕密通訊時使用的是何種密碼。

圖 2.1　電影《模仿遊戲》1 時 4 分 50 秒的畫面

電影中沒有具體介紹這個密碼，只展示了明文和對應的密文，因此，需要從整部片中搜尋更多的資訊，才能猜測這是什麼密碼。知友 @ 劉巍然一學酥在反覆觀看電影後，發現在影片 50 分 5 秒處，圖靈曾使用過一個類似的密碼，如圖 2.2 所示。電影 50 分 5 秒處的明文和密文長度更

長，蘊含的資訊也更豐富。觀察明文和密文，可以發現每一個明文和密文的字母都是一一對應的，如表 2.1 所示。

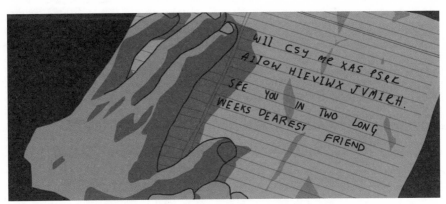

圖 2.2　電影《模仿遊戲》50 分 5 秒的畫面

表 2.1　圖靈所使用密碼中的明文和密文字母對應關係

根據表 2.1，可以很容易地看出幾個常用字母的代換關係：

・明文字母 e 代換為密文字母 I；

・明文字母 o 代換為密文字母 S；

・明文字母 s 代換為密文字母 W。

因此，可以合理推測這一密碼屬於本書第 1.3 節介紹過的代換密碼。同樣地，圖 2.1 給出的明文和密文字母也包含了類似的代換規律，如表 2.2 所示。

表 2.2　圖靈所使用另一段密碼中的明文和密文字母對應關係

P		Z	Q	A	E		T	Q	R
↓		↓	↓	↓	↓		↓	↓	↓
i		l	o	v	e		y	o	u

雖然給出的明文和密文長度很短，但至少可以看出明文字母 o 都被代換為密文字母 Q。

細心的讀者可能已經發現，影片中兩處代換密碼使用了不同的字母代換表。第一處將明文字母 o 代換為密文字母 S，而第二處則將其代換為密文字母 Q。前文曾介紹過，代換密碼容易遭受頻率分析攻擊，而週期性地更換字母代換表是一種有效抵禦頻率分析攻擊的方法。導演與編劇此處細緻的刻畫，塑造了圖靈嚴謹而智慧的人物形象。

《模仿遊戲》中另一處經典橋段是，圖靈在一次晚宴上因別人的一句話偶然獲得了破解恩尼格瑪的重大啟發。這激動人心的一幕位於影片 1 時 13 分 22 秒處：「他的每一個訊息都用相同的五個字母開頭，CILLY。」圖靈在獲得這一關鍵資訊後立即想到：納粹德軍在每天早晨 6 點整都會透過恩尼格瑪發送一份天氣預報，裡面很可能含有「天氣」一詞。為什麼這個資訊最終促使恩尼格瑪被成功破解呢？

　　密碼學在軍事通訊中扮演著重要的角色。在無線電和無線網路發明之後，如果沒有密碼學為軍事通訊資訊提供保護，敵軍就可以透過攔截無線訊號竊取所有軍事資訊，從而在戰爭中占據資訊主導地位。因為化學武器在第一次世界大戰中起到了關鍵作用，所以第一次世界大戰又被稱為「化學戰爭」。第二次世界大戰中誕生了原子彈這一革命性武器，因此第二次世界大戰又被稱為「物理戰爭」。而未來的戰爭很可能被稱為「數學戰爭」。想像一下，如果能令敵軍的所有電腦系統全部癱瘓，通訊網路全部喪失功能，那麼敵軍是否還有獲勝的可能呢？

　　本章將著重介紹第一次世界大戰和第二次世界大戰中所使用的軍事密碼，其中包括第一次世界大戰中德軍所使用的 ADFGX 密碼、ADFGVX 密碼，以及第二次世界大戰中納粹德國所使用的恩尼格瑪。本章也將簡要介紹各個密碼的破解方法。在了解恩尼格瑪機的破解方法後，讀者可以重溫一下《模仿遊戲》，更深入了解隱藏在影片中的密碼學知識。

2.1　將古典進行到底：第一次世界大戰中的密碼

第一次世界大戰中所使用的密碼幾乎都是從第 1 章介紹的古典密碼演化而來的。這些密碼仍未能解決古典密碼中存在的缺陷。本節將首先介紹真正促使美國加入第一次世界大戰的導火線：齊默曼電報（Zimmermann Telegram）。隨後，本節將講解第一次世界大戰中德軍使用的兩個密碼：ADFGX 密碼和 ADFGVX 密碼。兩者均在戰爭期間被成功破解。

2.1.1　齊默曼電報

眾所周知，第二次世界大戰後期發生了著名的「珍珠港」事件，給美國造成了巨大的損失，而美軍也以此為由正式作為盟軍成員加入了第二次世界大戰。實際上，第一次世界大戰中也存在著類似於「珍珠港」事件的轉捩點，致使美國強勢介入戰爭。一個轉捩點為 1915 年 5 月 7 日發生的「盧西塔尼亞號」（Lusitania）事件，另一個轉捩點為 1917 年 3 月 1 日公開的「齊默曼電報」事件。考慮到美國向德意志帝國宣戰的時間點是 1917 年 4 月 6 日，歷史學家普遍認為「齊默曼電報」事件才是真正促使美國參戰的導火線。

齊默曼電報是一封由德意志帝國大使齊默曼（Arthur Zimmermann）於 1917 年 1 月 16 日發送給德國駐墨西哥大使埃卡特（Heinrich von Eckardt）的加密電報，如圖 2.3 所示。確切地說，這份電報只是一封編碼電報，因為解密這封電報並不需要金鑰的參與，直接使用德意志

帝國的編碼方法就可以成功獲取解碼結果。舉例來說，電報中的編碼
「12137」對應的含義是「結盟」（Alliance）；編碼「52262」對應的
含義是「日本」（Japan）。

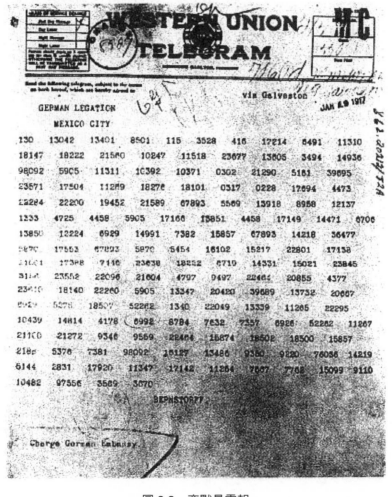

圖 2.3　齊默曼電報

　　第 1 章曾經介紹過，即使是加入金鑰的代換密碼安全性都不算高，更不用說類似齊默曼電報這種直接使用編碼方式處理的電報了。第一次世界大戰時期還沒有出現所謂的無線電技術，電報的傳輸完全依靠電纜。德國與墨西哥之間傳輸電報的唯一途徑是德美之間的大西洋海底電纜。然而，在第一次世界大戰爆發後，英國立即切斷了大西洋海底電纜，這使得德國失去了與墨西哥進行直接通訊的手段。為了將電報傳送至墨西哥，德國不得不透過美國駐德國大使先將電報傳到美國，再由美國轉送到德國駐墨西哥大使手中。這條傳輸線路不可避免地要經過丹麥、瑞典和英國。因此，英國間諜密切監視這一通訊線路，成功截獲了齊默曼電報，並將電報發送給英國專門為破解密碼而成立的 40 號辦公室進行破解。要破解一封僅由編碼處理的電報還難不倒當時英國的密碼破譯者，他們成功完成了破解。破解結果如圖 2.4 所示，電報的中文翻譯為：

　　我們計畫於 2 月 1 日開始實施無限制潛艇戰。與此同時，我們將竭力使美國保持中立。

　　如計畫失敗，我們建議在下列基礎上同墨西哥結盟：協同作戰；共同締結和平。我們將會向貴國提供大量資金援助：墨西哥也會重新收復在新墨西哥州、德州和亞利桑那州失去的國土。建議書的細節將由你們草擬。

　　請務必於得知將會與美國開戰時（把此計畫）以最高機密告知貴國總統，並鼓勵他邀請日本立刻參與此計畫；同時為我們與日本的談判進行斡旋。

　　請轉告貴總統，我們強大的潛水艇隊的參與將可能迫使英國在幾個月內求和。

```
                              TELEGRAM RECEIVED.
                          A. CELED
                          tor 1-8-58
                          ..rgon, State Dept.
      By Much A. Eddoff Unikiwit      FROM  2nd from London # 5747.
      Date Oct 22,19 ?

              "We intend to begin on the first of February
          unrestricted submarine warfare.  We shall endeavor
          in spite of this to keep the United States of
          America neutral.  In the event of this not succeed-
          ing, we make Mexico a proposal of alliance on the
          following basis:  make war together, make peace
          together, generous financial support and an under-
          standing on our part that Mexico is to reconquer
          the lost territory in Texas, New Mexico, and
          Arizona.  The settlement in detail is left to you.
          You will inform the President of the above most
          secretly as soon as the outbreak of war with the
          United States of America is certain and add the
          suggestion that he should, on his own initiative,
          invite Japan to immediate adherence and at the same
          time mediate between Japan and ourselves.  Please
          call the President's attention to the fact that
          the ruthless employment of our submarines now
          offers the prospect of compelling England in a
          few months to make peace."  Signed, ZIMMERMANN.
```

圖 2.4　被破解並翻成英文的齊默曼電報

　　這封被破解的電報很快就出現在當時美國總統威爾遜的辦公桌上。當電報被媒體進一步公開後，美國不得不直面德軍有意入侵的事實。雖然美國政府一度懷疑這封電報是英國企圖迫使美國參戰的騙局，但隨著齊默曼在柏林的一次新聞發布會上公開承認自己寫過這封電報，一切懷疑都煙消雲散，美國最終決定參戰。

　　齊默曼電報事件的影響到底有多大呢？著名美國歷史學家、《齊默曼電報》（*The Zimmermann Telegram*）一書的作者塔奇曼（Barbara

Tuchman）給出了如下評價：

　　如果這封電報永遠沒有被截獲或永遠沒有被公開，那麼德國必然會做其他一些對我們有利的事情，但是時間已經很晚了，如果我們再延遲一下，盟軍將被迫進入談判。那樣的話，齊默曼電報就改變了歷史的走向。……齊默曼電報本身是歷史長河中的一個小石頭，但一個小石頭也能殺死歌利亞，而這個石頭則扼殺了美國人的幻想，即我們可以不管其他的國家而自行其是。對國際事務來說，它是德國首相的一個小計策，但對美國人的生活來說，它代表著天真純潔的結束。

　　雖然歷史是無法改寫的，但歷史學家普遍認為，如果美國沒有參與第一次世界大戰，最終取得戰爭勝利的很可能是德意志帝國。齊默曼電報的破解無疑在戰爭史上留下了濃重的一筆。

2.1.2　ADFGX 密碼

　　雖然第一次世界大戰被稱為「化學戰爭」，但仍然出現了密碼學的身影，其中最著名的兩個密碼就是德意志帝國使用的 ADFGX 密碼和 ADFGVX 密碼。從現代密碼學角度看，這兩個密碼都不夠安全。但當時在沒有電腦協助的情況下，破解這兩個由古典密碼演化而來的戰爭密碼仍然耗費了密碼破譯者大量的精力。

　　首先我們來看看 ADFGX 密碼的原理。該密碼是由德軍上校內貝爾（Fritz Nebel）設計，可以看成是代換密碼和移位密碼的結合。之所以稱這個密碼為 ADFGX 密碼，是因為密文中只會出現 A、D、F、G、X

這五個字母。而之所以選擇這五個字母，是因為這五個字母編碼成摩斯電碼時不容易相互混淆，可以降低通訊過程中傳輸錯誤的機率。

　　ADFGX 密碼的加密過程分為兩步。第一步是利用字母代換表對明文進行代換。與第 1 章介紹的代換密碼不同，ADFGX 密碼統一將一個明文字母代換為兩個密文字母。ADFGX 密碼所使用的字母代換表如表 2.3 所示。第一步加密時，將明文字母代換為表格橫向和縱向對應的 ADFGX 即可。例如，明文字母 b 將被代換為 AA、明文字母 t 將被代換為 AD，以此類推。

表 2.3　ADFGX 密碼字母代換表

	A	D	F	G	X
A	b	t	a	l	p
D	d	h	o	z	k
F	q	f	v	s	n
G	g	j	c	u	x
X	m	r	e	w	y

　　不難發現，表 2.3 中的明文字母部分只涵蓋了 25 個英文字母，字母 i 並未出現。實際上，ADFGX 密碼將明文字母 i 和 j 看作同一個字母，這兩個明文字母都被代換為密文 GD。解密時，資訊接收方需要根據其他密文字母的解密結果決定把 GD 解密為 i 或是 j。

　　代換完成後，需利用帶金鑰的柵欄移位密碼對代換結果進一步加密，移位方法為 1.2.3 節所介紹的使用英文單詞作為金鑰的移位方法。

　　下面用一個例子說明 ADFGX 密碼的加密過程。假定明文為 attack at once（立即發起進攻），金鑰為 FIGHT（戰鬥）。首先，根據字母代

換表，依次將各個明文字母代換為對應的密文字母：

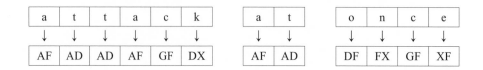

隨後，將密文代換結果「AFADADAFGFDXAFADDFFXGFXF」寫成五行的格柵形式，即行數與金鑰的非重複字母個數相同。將每一行用金鑰中對應的字母在字母表中的位置進行編號。FIGHT 中的字母 F、I、G、H、T 在英文字母中出現的位置依次為 06、09、07、08、20，用這五個數字為格柵的五行依次編號，並從 A、D、F、G、X 中任取字母來填補格柵中未被填滿的部分，得到：

06	09	07	08	20
A	F	A	D	A
D	A	F	G	F
D	X	A	F	A
D	D	F	F	X
G	F	X	F	X

最後，按照設置的編號順序自上至下重寫明文，得到密文：ADDDGAFAFXDGFFFFAXDFAFAXX。

比起原始的代換密碼，ADFGX 密碼用兩個密文字母表示一個明文字母，在某種程度上可以抵禦頻率分析攻擊。為了進一步防止敵方破解密碼影響戰局，德軍在每次發動重要進攻之前都會使用新的金鑰對資訊進行加密，使得敵方在德軍進攻發起前沒有充分的時間對新的密碼進行

分析和破譯。如此一來，即使密碼的安全性不夠高，但等到密碼被破解出來時，德軍的進攻也早就結束了。德意志帝國於 1918 年 3 月 5 日開始使用 ADFGX 密碼。1918 年 3 月 21 日，德意志帝國將軍魯登道夫（Erich Ludendorff）便發起了一次總攻擊。此次總攻擊得益於 ADFGX 密碼對資訊的保護而大獲全勝。

2.1.3 ADFGVX 密碼

為了進一步提高所使用密碼的安全性，內貝爾上校對 ADFGX 密碼進行了改良，提出了 ADFGVX 密碼。為了確保 ADFGVX 密碼的安全性足夠高，內貝爾上校先召集了 60 位密碼破譯者嘗試對密碼進行破解。在確保無人能破解該密碼後，才在德軍通訊中使用此密碼。

ADFGVX 密碼所用的密文字母由之前的五個擴展為六個。新的字母代換表不僅涵蓋了全部 26 個英文字母，解決了 i 與 j 對應相同密文的問題，還新增了 10 個數字的代換方法。ADFGVX 密碼所使用的字母代換表如表 2.4 所示。

表 2.4　ADFGVX 密碼字母代換表

	A	D	F	G	V	X
A	c	o	8	x	f	4
D	m	k	3	a	z	9
F	n	w	1	0	j	d
G	5	s	i	y	h	u
V	p	l	v	b	6	r
X	e	q	7	t	2	g

如果仍然假定明文為 attack at once（立即發起進攻），金鑰為 FIGHT（戰鬥）。首先，根據 ADFGVX 的字母代換表，依次將各個明文字母代換為對應的密文字母：

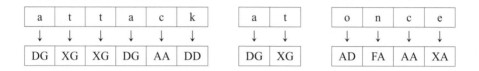

同樣將密文代換結果「DGXGXGDGAADDDGXGADFAAAXA」寫成五行的格柵形式。並將每一行用金鑰中對應的字母在字母表中的位置進行編號，得到：

06	09	07	08	20
D	G	X	G	X
G	D	G	A	A
D	D	D	G	X
G	A	D	F	A
A	A	X	A	X

最後，同樣按照金鑰對應的編號順序自上至下重寫明文，得到密文：DGDGAXGDDXGAGFAGDDAAXAXAX。

這一新密碼的出現，使盟軍進一步陷入困境。幸運的是，密碼破譯者佩因芬（Georges Painvin）最終拯救了盟軍。佩因芬總共花了三個月的時間，先後破解了 ADFGX 密碼和 ADFGVX 密碼。ADFGVX 密碼破譯的難度非常大，其間他歷經了無數個不眠之夜，複雜的資料分析與巨大的精神壓力使他在短短幾週內體重減了 15 公斤。1918 年 6 月 2 日，

就在德軍即將發動新一輪進攻前的千鈞一髮之際，佩因芬成功破解了一段德軍使用 ADFGVX 密碼加密的關鍵資訊。正是這段密文的破解，使得盟軍迅速針對德軍即將到來的進攻建立了防禦設施，瞬間占據了優勢地位，最終導致德軍在歷經 5 天苦戰之後宣布戰鬥失敗。

　　ADFGX 密碼和 ADFGVX 密碼的破解原理相對比較複雜，在此就不詳細展開講解了。需要再次強調的是，雖然第一次世界大戰中德軍使用了一系列新的密碼，但這些新的密碼其實都可以看成本書第 1 章所說的古典密碼的變種或組合。一旦獲取到較長的密文，密碼破譯者便可以透過合理的分析手段破解密碼。

2.2　維吉尼亞密碼：安全密碼設計的思路源泉

2.2.1　維吉尼亞密碼的發明史

　　第 1 章介紹的所有代換密碼和本章介紹的 ADFGX 及 ADFGVX 密碼都可以更進一步歸類為單表代換密碼（Monoalphabetic Substitution Cipher）。顧名思義，單表代換密碼在對明文字母進行代換時，只使用了一個字母代換表。單表代換密碼中的明文字母和密文字母是一一對應的，無法隱藏明文中字母出現的頻率資訊和單詞的固定結構，這也是單表代換密碼的最大缺陷。一代又一代的密碼設計者絞盡腦汁，希望能設計出一種新的密碼來解決這一重大缺陷。歷經了五百多年的時間，這一夢想才得以實現。新一代的密碼在安全性上取得了質的飛躍。在隨後的三百多年裡，密碼破譯者都沒有將其成功破解。

　　在使用單表代換密碼時，密碼設計者意識到加密和解密時查閱字母代換表是一件蠻麻煩的事情。為了減輕查閱字母代換表的負擔，義大利哲學家、建築師、密碼學家阿爾伯蒂（Leon B. Alberti）設計了一個機械裝置，稱為密碼盤（Cipher Disk），如圖 2.5 所示。密碼盤的內圈表示的是明文字母，外圈表示的是密文字母。透過查閱密碼盤，資訊發送方和接收方就可以很快地完成明文與密文的轉換。

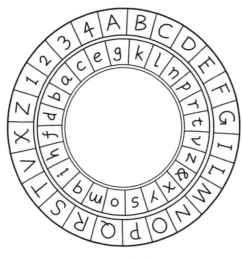

圖 2.5　密碼盤

　　密碼盤的先進之處在於它是可以轉動的。阿爾伯蒂建議每加密 3~4 個字母就應該轉動一次密碼盤。這也就意味著每加密 3~4 個字母後，所使用的字母代換表就換成了另一個。舉例來說，圖 2.5 的密碼盤，其字母代換表如表 2.5 所示。

表 2.5　密碼盤字母代換表

b	a	c	e	g	k	l	n	p	r	t	v	z	&	x	y	s	o	m	q	i	h	f	d
↓	↓	↓	↓	↓	↓	↓	↓	↓	↓	↓	↓	↓	↓	↓	↓	↓	↓	↓	↓	↓	↓	↓	↓
1	2	3	4	A	B	C	D	E	F	G	I	L	M	N	O	P	Q	R	S	T	V	X	Z

　　在加密 3~4 個字母後，將密碼盤的外圈順時針旋轉一格，就得到了如表 2.6 的一個新的字母代換表。

表 2.6　旋轉密碼盤後的密碼盤字母代換表

a	c	e	g	k	l	n	p	r	t	v	z	&	x	y	s	o	m	q	i	h	f	d	b
↓	↓	↓	↓	↓	↓	↓	↓	↓	↓	↓	↓	↓	↓	↓	↓	↓	↓	↓	↓	↓	↓	↓	↓
1	2	3	4	A	B	C	D	E	F	G	I	L	M	N	O	P	Q	R	S	T	V	X	Z

　　頻繁更換的字母代換表能夠成功地隱藏明文中字母出現的頻率資訊和單詞的固定結構，因此，這種方法可以在一定程度上彌補單表代換密碼的重大缺陷。由於在使用這種方式加密明文時，資訊發送方實際上使用了多個字母代換表，因此這種密碼在歷史上也被稱為多表代換密碼（Polyalphabetic Substitution Cipher）。

　　阿爾伯蒂的這種加密方法，在德國密碼學家特里特米烏斯（Johannes Trithemius）的手中得到了進一步改良。特里特米烏斯意識到，阿爾貝蒂的這種加密方式實際上是用密碼盤建構了一個更大的字母代換表。特里特米烏斯進一步借鑑凱撒密碼的設計思想，把凱撒密碼的字母代換表擴展成了橫豎均包含 26 個字母的「方陣」，如表 2.7 所示。

　　加密時，從上至下按順序使用字母代換表。舉個例子，假設待加密的明文為 man in the moon（月亮上的人）。首先，用 B 列的字母代換表，將明文中的第一個字母 m 代換為 N；接著，用 C 列的字母代換表，將明文中的第二個字母 a 代換為 C；用 D 列的字母代換表，將明文中的第三個字母 n 代換為 Q，以此類推，最終得到的密文為：NCQ MS ZOM VYZZ。

　　可以看出，這種加密方式在很大程度上克服了單表代換密碼的缺陷：明文中相同的兩個字母會被代換為密文中的不同字母，如 oo 被代換為 YZ；密文中相同的兩個字母表示的可能是不同的明文字母，如 ZZ 對應

表 2.7 字母代換表方陣

a	b	c	d	e	f	g	h	i	j	k	l	m	n	o	p	q	r	s	t	u	v	w	x	y	z
B	C	D	E	F	G	H	I	J	K	L	M	N	O	P	Q	R	S	T	U	V	W	X	Y	Z	A
C	D	E	F	G	H	I	J	K	L	M	N	O	P	Q	R	S	T	U	V	W	X	Y	Z	A	B
D	E	F	G	H	I	J	K	L	M	N	O	P	Q	R	S	T	U	V	W	X	Y	Z	A	B	C
E	F	G	H	I	J	K	L	M	N	O	P	Q	R	S	T	U	V	W	X	Y	Z	A	B	C	D
F	G	H	I	J	K	L	M	N	O	P	Q	R	S	T	U	V	W	X	Y	Z	A	B	C	D	E
G	H	I	J	K	L	M	N	O	P	Q	R	S	T	U	V	W	X	Y	Z	A	B	C	D	E	F
H	I	J	K	L	M	N	O	P	Q	R	S	T	U	V	W	X	Y	Z	A	B	C	D	E	F	G
I	J	K	L	M	N	O	P	Q	R	S	T	U	V	W	X	Y	Z	A	B	C	D	E	F	G	H
J	K	L	M	N	O	P	Q	R	S	T	U	V	W	X	Y	Z	A	B	C	D	E	F	G	H	I
K	L	M	N	O	P	Q	R	S	T	U	V	W	X	Y	Z	A	B	C	D	E	F	G	H	I	J
L	M	N	O	P	Q	R	S	T	U	V	W	X	Y	Z	A	B	C	D	E	F	G	H	I	J	K
M	N	O	P	Q	R	S	T	U	V	W	X	Y	Z	A	B	C	D	E	F	G	H	I	J	K	L
N	O	P	Q	R	S	T	U	V	W	X	Y	Z	A	B	C	D	E	F	G	H	I	J	K	L	M
O	P	Q	R	S	T	U	V	W	X	Y	Z	A	B	C	D	E	F	G	H	I	J	K	L	M	N
P	Q	R	S	T	U	V	W	X	Y	Z	A	B	C	D	E	F	G	H	I	J	K	L	M	N	O
Q	R	S	T	U	V	W	X	Y	Z	A	B	C	D	E	F	G	H	I	J	K	L	M	N	O	P
R	S	T	U	V	W	X	Y	Z	A	B	C	D	E	F	G	H	I	J	K	L	M	N	O	P	Q
S	T	U	V	W	X	Y	Z	A	B	C	D	E	F	G	H	I	J	K	L	M	N	O	P	Q	R
T	U	V	W	X	Y	Z	A	B	C	D	E	F	G	H	I	J	K	L	M	N	O	P	Q	R	S
U	V	W	X	Y	Z	A	B	C	D	E	F	G	H	I	J	K	L	M	N	O	P	Q	R	S	T
V	W	X	Y	Z	A	B	C	D	E	F	G	H	I	J	K	L	M	N	O	P	Q	R	S	T	U
W	X	Y	Z	A	B	C	D	E	F	G	H	I	J	K	L	M	N	O	P	Q	R	S	T	U	V
X	Y	Z	A	B	C	D	E	F	G	H	I	J	K	L	M	N	O	P	Q	R	S	T	U	V	W
Y	Z	A	B	C	D	E	F	G	H	I	J	K	L	M	N	O	P	Q	R	S	T	U	V	W	X
Z	A	B	C	D	E	F	G	H	I	J	K	L	M	N	O	P	Q	R	S	T	U	V	W	X	Y

的明文字母為 on。因此，與單表代換密碼相比，特里特米烏斯建構的這個多表代換密碼似乎安全性更高。

然而，如果完全按照特里特米烏斯提出的方法加密，那麼整個加密

過程就沒有金鑰的參與了。一旦得知密文是由此種方法加密，任何人都可以方便地建構出相同的字母代換方陣，從而完成密文的解密。為了解決這個問題，義大利密碼學家貝拉索（Giovan Bellaso）於 1553 年提出了在這個多表代換密碼中加入金鑰的方法，並把這種方法記錄在他的著作中。

貝拉索將金鑰設定為一個單詞或一個句子，此處假設金鑰為 FIGHT（戰鬥）。確定金鑰後，資訊發送方需要重複撰寫金鑰，直至金鑰與明文的長度相同。具體來說，假設需要加密的明文為 man in the moon（月亮上的人）。在明文的下方對位重複多次撰寫金鑰 FIGHT，使其長度與明文長度嚴格一致，如表 2.8 所示。

表 2.8　明文 man in the moon 的字母代換過程

m	a	n		i	n		t	h	e		m	o	o	n
F	I	G		H	T		F	I	G		H	T	F	I

最後，資訊發送方根據每個明文字母對應的金鑰字母來選擇字母代換表。例如，明文的第一個字母 m 對應的金鑰字母為 F，因此使用 F 列的字母代換表，將 m 代換為 R。明文的第二個字母 a 對應的金鑰字母為 I，因此使用 I 列的字母代換表，將 a 代換為 I。以此類推，最終得到密文：RIT PG YPK THTV。

多表代換密碼由阿爾伯蒂、特里特米烏斯和貝拉索三人歷經一百多年的努力才完成設計，並最終由法國密碼學家維吉尼亞（Blaise De Vigenère）推廣使用，維吉尼亞密碼（Vigenère Cipher）這一名稱即來源於此。此密碼在提出後的三百多年間均未得到破解，可算是當時安全性

極高的密碼了。維吉尼亞密碼也因此被賦予了至高榮譽：無法破解的密碼（Le chiffre indéchiffrable）。

2.2.2 維吉尼亞密碼的缺陷

維吉尼亞密碼似乎克服了單表代換密碼的所有缺陷，然而它真的那麼牢不可破嗎？自貝拉索於 1553 年提出這一密碼後，一代又一代的密碼破譯者不斷找尋方法，直至 1854 年英國數學家巴貝奇（Charles Babbage）才終於攻克了這個無法破解的密碼。可想而知，這一密碼的破解方法非常複雜，其理論很難用三言兩語解釋清楚。我們不妨先來看看它本身究竟存在什麼缺陷。在了解了它的缺陷後，我們再用一個實例來解釋破解的步驟。

維吉尼亞密碼最大的特點在於，相同的明文字母會被代換為不同的密文字母，而且代換方式取決於金鑰。例如，當金鑰為 KING（國王）時，字母代換方陣中僅有 K、I、N、G 對應的四列字母代換表被使用，明文中每一個字母的代換結果一共只可能存在四種情況。舉例來說，如果明文為連續的八個字母 e，即 eeeeeeee，則重複撰寫金鑰後，得到的明文字母與金鑰字母的對應關係如表 2.9 所示。

表 2.9　明文 eeeeeeee 中，明文字母與金鑰字母的對應關係

e	e	e	e	e	e	e	e
K	I	N	G	K	I	N	G

根據維吉尼亞密碼的加密過程，金鑰字母 K、I、N、G 會依次將字母 e 代換為 O、M、R、K，得到的密文是：OMRKOMRK。表 2.10 可

以更清楚地反映出這個現象，其中陰影部分為加密時所涉及的字母代換表。

表 2.10　明文字母 e 在加密時所涉及的字母代換表

a	b	c	d	e	f	g	h	i	j	k	l	m	n	o	p	q	r	s	t	u	v	w	x	y	z
B	C	D	E	F	G	H	I	J	K	L	M	N	O	P	Q	R	S	T	U	V	W	X	Y	Z	A
C	D	E	F	G	H	I	J	K	L	M	N	O	P	Q	R	S	T	U	V	W	X	Y	Z	A	B
D	E	F	G	H	I	J	K	L	M	N	O	P	Q	R	S	T	U	V	W	X	Y	Z	A	B	C
E	F	G	H	I	J	K	L	M	N	O	P	Q	R	S	T	U	V	W	X	Y	Z	A	B	C	D
F	G	H	I	J	K	L	M	N	O	P	Q	R	S	T	U	V	W	X	Y	Z	A	B	C	D	E
G	H	I	J	K	L	M	N	O	P	Q	R	S	T	U	V	W	X	Y	Z	A	B	C	D	E	F
H	I	J	K	L	M	N	O	P	Q	R	S	T	U	V	W	X	Y	Z	A	B	C	D	E	F	G
I	J	K	L	M	N	O	P	Q	R	S	T	U	V	W	X	Y	Z	A	B	C	D	E	F	G	H
J	K	L	M	N	O	P	Q	R	S	T	U	V	W	X	Y	Z	A	B	C	D	E	F	G	H	I
K	L	M	N	O	P	Q	R	S	T	U	V	W	X	Y	Z	A	B	C	D	E	F	G	H	I	J
L	M	N	O	P	Q	R	S	T	U	V	W	X	Y	Z	A	B	C	D	E	F	G	H	I	J	K
M	N	O	P	Q	R	S	T	U	V	W	X	Y	Z	A	B	C	D	E	F	G	H	I	J	K	L
N	O	P	Q	R	S	T	U	V	W	X	Y	Z	A	B	C	D	E	F	G	H	I	J	K	L	M
O	P	Q	R	S	T	U	V	W	X	Y	Z	A	B	C	D	E	F	G	H	I	J	K	L	M	N
P	Q	R	S	T	U	V	W	X	Y	Z	A	B	C	D	E	F	G	H	I	J	K	L	M	N	O
Q	R	S	T	U	V	W	X	Y	Z	A	B	C	D	E	F	G	H	I	J	K	L	M	N	O	P
R	S	T	U	V	W	X	Y	Z	A	B	C	D	E	F	G	H	I	J	K	L	M	N	O	P	Q
S	T	U	V	W	X	Y	Z	A	B	C	D	E	F	G	H	I	J	K	L	M	N	O	P	Q	R
T	U	V	W	X	Y	Z	A	B	C	D	E	F	G	H	I	J	K	L	M	N	O	P	Q	R	S
U	V	W	X	Y	Z	A	B	C	D	E	F	G	H	I	J	K	L	M	N	O	P	Q	R	S	T
V	W	X	Y	Z	A	B	C	D	E	F	G	H	I	J	K	L	M	N	O	P	Q	R	S	T	U
W	X	Y	Z	A	B	C	D	E	F	G	H	I	J	K	L	M	N	O	P	Q	R	S	T	U	V
X	Y	Z	A	B	C	D	E	F	G	H	I	J	K	L	M	N	O	P	Q	R	S	T	U	V	W
Y	Z	A	B	C	D	E	F	G	H	I	J	K	L	M	N	O	P	Q	R	S	T	U	V	W	X
Z	A	B	C	D	E	F	G	H	I	J	K	L	M	N	O	P	Q	R	S	T	U	V	W	X	Y

這種情況不光會發生在單個字母上，對於一個單詞來說也是一樣的：如果金鑰為 KING（國王），那麼每一個單詞的代換結果也存在四種情況。例如單詞 the，金鑰 KING 與單詞 the 一共存在四種對應關係，如表 2.11 所示。

表 2.11　金鑰 KING 與明文 the 存在的 4 種對應關係

t	h	e		t	h	e		t	h	e		t	h	e
K	I	N		I	N	G		N	G	K		G	K	I

因此，單詞 the 只可能有四種加密結果：DPR、BUK、GNO 和 ZRM。

我們再設置一個更長的明文。假定明文為 the sun and the man in the moon（在月亮中的太陽與人），金鑰仍然為 KING（國王）。則明文字母、金鑰字母和密文字母的對應關係如表 2.12 所示。

表 2.12　維吉尼亞密碼中的安全問題

t	h	e	s	u	n	a	n	d	t	h	e	m	a	n	i	n	t	h	e	m	o	o	n
K	I	N	G	K	I	N	G	K	I	N	G	K	I	N	G	K	I	N	G	K	I	N	G
D	P	R	Y	E	V	N	T	N	B	U	K	W	I	A	O	X	B	U	K	W	W	B	T

可以看到，第二個 the 和第三個 the 的加密結果是相同的。進一步觀察可知，第二個 the 和第三個 the 的兩個 t 的索引值恰好相差 8，而 8 又是金鑰 KING 所包含字母個數的 2 倍。金鑰中的 ING 部分經過 2 輪重複（第一次對應明文 the，第二次對應明文 ani）之後，再一次和明文 the 對應上了。

　　利用這個規律判斷出金鑰的長度後，剩餘的破解過程就和單表代換密碼完全相同了。本質上，維吉尼亞密碼的字母代換表的更換頻率與金鑰長度嚴格一致。因此，一旦獲知了金鑰的長度，就能知道間隔多少個字母後，字母代換表會被重複使用。這樣一來，就可以把這些密文字母單獨匯總起來，按照單表代換密碼的破解方法使用頻率分析法進行破解了。

2.2.3　維吉尼亞密碼的破解

　　維吉尼亞密碼的破解原理相對來說比較複雜。本節給出一個具體的破解實例，利用上節介紹的維吉尼亞密碼的缺陷和頻率分析法，對一段使用維吉尼亞密碼加密的密文進行完全破解。

　　假設某一天，某位讀者朋友收到了一段密文。除了只知道這段密文是用維吉尼亞密碼加密的，且對應的明文是英文之外，其他資訊一無所知。這段密文是：

```
IZPHY  XLZZP  SCULA  TLNQV  FEDEP  QYOEB  SMMOA  AVTSZ  VQATL  LTZSZ
AKXHO  OIZPS  MBLLV  PZCNE  EDBTQ  DLMFZ  ZFTVZ  LHLVP  MBUMA VMMXG
FHFEP  QFFVX  OQTUR  SRGDP  IFMBU  EIGMR  AFVOE  CBTQF  VYOCM FTSCH
ROOAP  GVGTS  QYRCI  MHQZA  YHYXG  LZPQB  FYEOM  ZFCKB  LWBTQ  UIHUY
LRDCD  PHPVO  QVVPA  DBMWS  ELOSM  PDCMX  OFBFT  SDTNL  VPTSG  EANMP
MHKAE  PIEFC  WMHPO  MDRVG  OQMPQ  BTAEC  CNUAJ  TNOIR  XODBN  RAIAF
UPHTK  TFIIG  EOMHQ  FPPAJ  BAWSV  ITSMI  MMFYT  SMFDS  VHFWQ    RQ
```

　　乍看之下，密文似乎沒有任何規律可循。不過，只要按照既定的破解步驟，一定能夠從密文中發現蛛絲馬跡，進而完全破解此段維吉尼亞密碼。

　　破解的第一步，是要嘗試猜測密文所用金鑰的長度。根據 2.2.2 節的討論，首先要找到密文中重複出現的字母組合。仔細觀察密文，可以依次找到五種重複出現的字母組合，分別為：IZP、HYX、EPQ、MBU、TSM。各個字母組合重複出現的位置標註如下：

IZP HYX LZZPSCULATLNQVFED EPQ YOEBSMMOAAVTSZVQATLLTZSZ
AKXHOO IZP SMBLLVPZCNEEDBTQDLMFZZFTVZLHLVP MBU MAVMMXG
FHF EPQ FFVXOQTURSRGDPIF MBU EIGMRAFVOECBTQFVYOCMFTSCH
ROOAPGVGTSQYRCIMHQZAY HYX GLZPQBFYEOMZFCKBLWBTQUIHUY
LRDCDPHPVOQVVPADBMWSELOSMPDCMXOFBFTSDTNLVPTSGEANMP
MHKAEPIEFCWMHPOMDRVGOQMPQBTAECCNUAJTNOIRXODBNRAIAF
UPHTKTFIIGEOMHQFPPAJBAWSVI TSM IMMFY TSM FDSVHFWQRQ

　　第二步，需要數一數各個字母組合重複出現時，字母組合的起始位置以及各個字母組合出現位置的間隔差，如下：

字母組合	字母組合開始位置	開始位置的間隔差
IZP	001、057	057-001=056
HYX	004、172	172-004=168
EPQ	024、104	104-024=080
MBU	091、123	123-091=032
TSM	327、335	335-327=008

　　根據 2.2.2 節的分析，金鑰的長度應該可以整除 56、168、80、32 和 8。由於這五個數都可以被 8 整除，因此可以先大膽猜測金鑰的長度

就是 8。當然，根據維吉尼亞密碼的破解原理，金鑰的長度還可能為 4
或 2。先來試一試金鑰長度為 8 的情況，如果猜測不正確，可以再分別
嘗試金鑰長度為 4 或 2 的情況。

如果金鑰長度為 8，則密文中每隔八個字母就會對應同一個字母代
換表。因此，接下來的工作是把密文以 8 為週期進行抽取，匯總為八組
密文，並利用頻率分析法分別分析這八組密文。這是一項非常複雜的統
計工作，可想而知，在電腦未發明之前，即使密碼破譯者發現了維吉尼
亞密碼的缺陷，想真正破解密碼也需要耗費大量的時間。前文已經介紹
過，字母 e 在英文文本中出現的頻率最高，但這只是一個基於大量文本
的統計結果。對於特定的一小段文本，e 出現的頻率不一定是最高的，
只是相對來說會比較高。為了避免僅考慮出現機率最高的字母而帶來誤
差，這裡我們統計密文中出現頻率最高的三個字母。據統計，在一般英
文文本中，字母 e、t、a 出現的頻率都比較高。因此，密文中出現頻率
最高的三個字母所對應的明文字母很可能是 e、t、a 中的某一個。

在進行了複雜的統計工作後，最終我們得到了如表 2.13 的統計結
果。

表 2.13　破解維吉尼亞密碼所得到的統計資訊

分組	1		2		3		4		5		6		7		8	
	字母	次數	字母	次數	字母	次數	字母	次數	字母	次數	字母	次數	字母	次數	字母	次數
出現頻率排名前三位的字母	M	11	P	8	Q	9	S	8	V	9	H	5	EO	6	O	5
	B	6	F	5	A	5	C	7	FU	4	BEG LMX	4	AH	5	LSZ	4
	V	5	RTZ	4	DFMT	4	F	5								

第一組密文中，字母 M 出現的次數最多，一共出現了 11 次，合理推斷密文字母 M 對應的明文字母為 e。如果這一推斷正確，根據維吉尼亞密碼字母代換方陣，第一個金鑰字母應該為 I，如表 2.14 所示。

表 2.14　第一個金鑰字母可能為 I

a	b	c	d	e	f	g	h	i	j	k	l	m	n	o	p	q	r	s	t	u	v	w	x	y	z
B	C	D	E	F	G	H	I	J	K	L	M	N	O	P	Q	R	S	T	U	V	W	X	Y	Z	A
C	D	E	F	G	H	I	J	K	L	M	N	O	P	Q	R	S	T	U	V	W	X	Y	Z	A	B
D	E	F	G	H	I	J	K	L	M	N	O	P	Q	R	S	T	U	V	W	X	Y	Z	A	B	C
E	F	G	H	I	J	K	L	M	N	O	P	Q	R	S	T	U	V	W	X	Y	Z	A	B	C	D
F	G	H	I	J	K	L	M	N	O	P	Q	R	S	T	U	V	W	X	Y	Z	A	B	C	D	E
G	H	I	J	K	L	M	N	O	P	Q	R	S	T	U	V	W	X	Y	Z	A	B	C	D	E	F
H	I	J	K	L	M	N	O	P	Q	R	S	T	U	V	W	X	Y	Z	A	B	C	D	E	F	G
I	J	K	L	M	N	O	P	Q	R	S	T	U	V	W	X	Y	Z	A	B	C	D	E	F	G	H
J	K	L	M	N	O	P	Q	R	S	T	U	V	W	X	Y	Z	A	B	C	D	E	F	G	H	I

在金鑰首字母為 I 的前提下，明文字母 t 對應的密文字母應該為 B，而據統計 B 在密文字母中出現的頻率也非常高。因此，第一個金鑰字母為 I 的可能性很大。

第二組的情況有些複雜。密文字母 P 出現的次數最多，一共出現了 8 次，合理推斷密文字母 P 對應的明文字母為 e。但如果這一推斷正確，第二個金鑰字母應該為 L，如表 2.15 所示。

但這樣一來，明文字母 t 對應的密文字母應該為 E，明文字母 a 對應的密文字母應該為 L。可是 E 和 L 在密文中出現的頻率都非常低，這似乎並不正常。經過多番嘗試，可以推斷出第二個金鑰字母很可能為 M，此時明文字母 e、t、a 對應的密文字母分別為 Q、F、M。雖然只有密文

表 2.15　第二個金鑰字母可能為 L

	a	b	c	d	e	f	g	h	i	j	k	l	m	n	o	p	q	r	s	t	u	v	w	x	y	z
B	C	D	E	F	G	H	I	J	K	L	M	N	O	P	Q	R	S	T	U	V	W	X	Y	Z	A
C	D	E	F	G	H	I	J	K	L	M	N	O	P	Q	R	S	T	U	V	W	X	Y	Z	A	B
D	E	F	G	H	I	J	K	L	M	N	O	P	Q	R	S	T	U	V	W	X	Y	Z	A	B	C
E	F	G	H	I	J	K	L	M	N	O	P	Q	R	S	T	U	V	W	X	Y	Z	A	B	C	D
F	G	H	I	J	K	L	M	N	O	P	Q	R	S	T	U	V	W	X	Y	Z	A	B	C	D	E
G	H	I	J	K	L	M	N	O	P	Q	R	S	T	U	V	W	X	Y	Z	A	B	C	D	E	F
H	I	J	K	L	M	N	O	P	Q	R	S	T	U	V	W	X	Y	Z	A	B	C	D	E	F	G
I	J	K	L	M	N	O	P	Q	R	S	T	U	V	W	X	Y	Z	A	B	C	D	E	F	G	H
J	K	L	M	N	O	P	Q	R	S	T	U	V	W	X	Y	Z	A	B	C	D	E	F	G	H	I
K	L	M	N	O	P	Q	R	S	T	U	V	W	X	Y	Z	A	B	C	D	E	F	G	H	I	J
L	M	N	O	P	Q	R	S	T	U	V	W	X	Y	Z	A	B	C	D	E	F	G	H	I	J	K
M	N	O	P	Q	R	S	T	U	V	W	X	Y	Z	A	B	C	D	E	F	G	H	I	J	K	L

字母 F 出現在表 2.13 中，但實際上密文字母 Q 和 M 在第二組中出現的次數均為三，也屬於出現頻率較高的密文字母。

　　經過類似的猜測與嘗試，最終將金鑰確定為 IMMORTAL（不朽的），而此時密文的破解結果也是有意義的。在增加必要的空格，並修改部分單詞的大小寫形式後，可以發現密文對應的明文實際上是《聖經》中的一段話：

　　耶和華神說，那人已經與我們相似，能知道善惡。現在恐怕他伸手又摘生命樹的果子吃，就永遠活著。耶和華神便打發他出伊甸園去，耕種他所自出之土。於是把他趕出去了。又在伊甸園的東邊安設基路伯和四面轉動發火焰的劍，要把守生命樹的道路。

　　至此，我們遵循巴貝奇的破解方法，利用維吉尼亞密碼的缺陷成功破解了一段運用維吉尼亞密碼加密的密文。統計猜測金鑰長度的方法不僅限於例子中使用的這一種。1863 年，德國密碼學家卡西斯基（Friedrich Kasiski）也公開了一份針對維吉尼亞密碼的破解方法，歷史上被稱為卡西斯基檢測法（Kasiski Test）。這種破解方法利用了統計學原理來猜測金鑰的長度，破解更加簡單，但理解起來需要一定的數學知識，本節就不展開講解了。

　　從破解過程中可以體會到，維吉尼亞密碼的破解依賴於兩個事實：
（1）維吉尼亞密碼中字母代換表的循環間隔與金鑰的長度完全相同；
（2）破解時需要獲得足夠長的密文。對於用來表白的密碼來說，無須擔心維吉尼亞密碼會被旁人破解，畢竟表白的話通常都是短小精悍的。但是，對於戰爭中的保密通訊來說，軍方更傾向於使用一個比較短的金鑰來加密比較長的明文。因此，在戰爭中使用維吉尼亞密碼加密，仍然不夠安全。

2.2.4　《消失》：不能用頻率分析法攻擊的文本

　　破解單表代換密碼和類似維吉尼亞密碼這種多表代換密碼時，通常都需要利用頻率分析法。換句話說，破解過程的重要一步就是分析密文中出現頻率較高的字母，這個密文字母很可能對應的是明文字母 e。然而，從上述破解維吉尼亞密碼的例子中，可以發現這種統計規律有時並不可靠。例如在破解第二組密文時，明文字母 e 對應的密文字母在密文中出現的頻率相對較低。

　　那麼，能不能巧妙地設計明文內容，使得明文中字母 e 出現的頻

率非常低，進而從明文的角度抵抗頻率分析法呢？其實世界上確實存在一本書，書中竟然通篇沒有出現過一次字母 e。這本書就是法國作家佩雷克（Georges Perec）於 1969 年出版的法文書《消失》（*La Disparation*）。巧合的是，佩雷克的名字中剛好也含有字母 e，因此確切來說還是可以從這本書中找到字母 e。《消失》整本書有 157 頁，下面讓我們來看看這本書的三個自然段：

Un corps noir tranchant un flamant au vol bas un bruit fuit au sol（qu'avant son parcours lourd dorait un son crissant au grain d'air）il court portant son sang plus loin son charbon qui bat

Si nul n'allait brillant sur lui pas à pas dur cil aujourd'hui plomb au fil du bras gourd Si tombait nu grillon dans l'hors vu au sourd mouvant baillon du gris hasard sans compas l'alpha signal inconstant du vrai diffus qui saurait（saisissant（un doux soir confus ainsi on croit voir un pont à son galop）

un non qu'à ton stylo tu donnas brûlant）qu'ici on dit（par un trait manquant plus clos）l'art toujours su du chant—combat（noit pour blanc）

想必讀者已經認真「品讀」過每一個字母了，的確沒有出現字母 e。蘇格蘭小說家阿戴爾（Gilbert Adair）將佩雷克的這本法文書翻譯成一本 300 頁的英文書，書名為《虛空》（*A Void*）。令人驚奇的是，這本譯作同樣沒有用到哪怕一次字母 e！我們再來看看《虛空》的第一自然段：

Today, by radio, and also on giant hoardings, a rabbi, an admiral notorious for his links to masonry, a trio of cardinals, a trio, too, of insignificant politicians (bought and paid for by a rich and corrupt Anglo-Canadian banking corporation), inform us all of how our country now risks dying of starvation. A rumour, that's my initial thought as I switch off my radio, a rumour or possibly a hoax. Propaganda, I murmur anxiously—as though, just by saying so, I might allay my doubts—typical politicians' propaganda. But public opinion gradually absorbs it as a fact. Individuals start strutting around with stout clubs. "Food, glorious food!" is a common cry (occasionally sung to Bart's music), with ordinary hard-working folk harassing officials, both local and national, and cursing capitalists and captains of industry. Cops shrink from going out on night shift. In Mâcon a mob storms a municipal building. In Rocadamour ruffians rob a hangar full of foodstuffs, pillaging tons of tuna fish, milk and cocoa, as also a vast quantity of corn—all of it, alas, totally unfit for human consumption. Without fuss or ado, and naturally without any sort of trial, an indignant crowd hangs 26 solicitors on a hastily built scaffold in front of Nancy's law courts (this Nancy is a town, not a woman) and ransacks a local journal, a disgusting right-wing rag that is siding against it. Up and down this land of ours looting has brought docks, shops and farms to a virtual standstill.

　　這種神奇的著作前無古人，恐怕也後無來者。透過這種方式避免頻率分析攻擊並不是一種簡便而可靠的方法。即便真能簡單地撰寫出不包含字母 e 的文本，其他字母的出現頻率很可能仍然包含特定的規律，總

會讓密碼破譯者有機可乘。密碼設計者還是需要從密碼本身考慮，設計
更安全的加密方法。

2.3 恩尼格瑪機：第二次世界大戰德軍的密碼

　　戰爭期間傳輸的軍事情報一旦被敵方獲取並破解，敵方便可以根據情報針對性地採取相應的部署。在第一次世界大戰中，ADFGVX 密碼的破解直接導致德軍在隨後的戰役中損失慘重。然而，更安全的加密方案一般意味著更複雜的加密和解密過程，意味著資訊發送方和接收方在加密和解密過程中需要完成更多複雜的步驟。隨之而來的是兩個致命的問題。第一，如果加密和解密過程過於複雜，資訊發送方或接收方在人工加密和解密時便更容易出錯，導致資訊傳輸不準確。第二，人工加密和解密的速度通常較慢，複雜的解密過程可能導致資訊接收方無法及時將密文恢復為明文，使得發送的資訊喪失時效性。在瞬息萬變的戰場環境中，資訊傳遞速度越慢，越會延誤時機，造成不可估量的後果。

　　為了方便資訊發送方和接收方快速而準確地完成加密和解密，保證資訊的時效性，同時提高密碼的安全性，密碼設計者開始考慮利用機器穩定而高效的資訊處理能力，協助人類實現資訊的快速加解密。在第二次世界大戰期間，密碼設計者發明了許多種加密機：英軍使用的是 X 型（Type X）密碼機；美軍使用的是更為先進的 SIGABA（或稱 M-134）密碼機。最經典的加密機無疑是德軍所使用的恩尼格瑪機。

2.3.1 恩尼格瑪機的核心：轉子

　　第二次世界大戰時期，幾乎所有的加密機都要用到一個核心部件：轉子（Rotor）。可以說，轉子的發明讓機器加密成為可能。圖 2.6 顯示

轉子的內部結構，這個轉子現陳列於美國國家密碼博物館。轉子的正面
和反面上各有 26 個金色圓柱體，分別對應 26 個英文字母。然而，正面
和反面所對應的 26 個字母是不一樣的，它們的對應關係由圖 2.6 右邊的
綠色電線決定。當有電信號聯通到其中一個金色圓柱體時，電信號會依
次經過金色圓柱體和綠色電線傳遞到另一面。這樣一來，密碼設計者就
可以利用電信號的傳遞來實現字母的自動代換功能了。也就是說，每一
個轉子都對應一個特別設計的字母代換表。

圖 2.6　陳列在美國國家密碼博物館的轉子

　　如果只是實現了字母自動代換的功能，轉子也就不會被寫入到密碼
學史當中了。轉子的巧妙之處在於，可以將轉子與轉子以一定的方式相
互連接，構成一個新的字母代換。圖 2.7 為兩個轉子的連接方法。

圖 2.7 兩個轉子的連接方法

來看一個簡單的例子。假定第一個轉子對應的字母代換表為：

a	b	c	d	e	f	g	h	i	j	k	l	m	n	o	p	q	r	s	t	u	v	w	x	y	z
↓	↓	↓	↓	↓	↓	↓	↓	↓	↓	↓	↓	↓	↓	↓	↓	↓	↓	↓	↓	↓	↓	↓	↓	↓	↓
D	M	T	W	S	I	L	R	U	Y	Q	N	K	F	E	J	C	A	Z	B	P	G	X	O	H	V

第二個轉子對應的字母代換表為：

a	b	c	d	e	f	g	h	i	j	k	l	m	n	o	p	q	r	s	t	u	v	w	x	y	z
↓	↓	↓	↓	↓	↓	↓	↓	↓	↓	↓	↓	↓	↓	↓	↓	↓	↓	↓	↓	↓	↓	↓	↓	↓	↓
H	Q	Z	G	P	J	T	M	O	B	L	N	C	I	F	D	Y	A	W	V	E	U	S	R	K	X

現在，把第二個字母代換表的代換順序稍微調整一下，讓它和第一個字母代換表的代換結果對應起來，就可以得到：

d	m	t	w	s	i	l	r	u	y	q	n	k	f	e	j	c	a	z	b	p	g	x	o	h	v
↓	↓	↓	↓	↓	↓	↓	↓	↓	↓	↓	↓	↓	↓	↓	↓	↓	↓	↓	↓	↓	↓	↓	↓	↓	↓
G	C	V	S	W	O	N	A	E	K	Y	I	L	J	P	B	Z	H	X	Q	D	T	R	F	M	U

把兩個字母代換表連接起來：

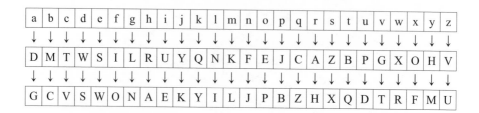

便形成了一個新的字母代換表：

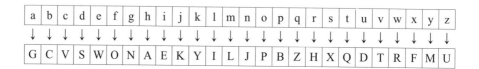

　　既然每個字母代換表都對應一個特別的轉子，為何還要透過連接多個其他的轉子來建構新的代換表呢？直接再建構一個代換表所對應的轉子不是更方便嗎？這裡需要注意的是，維吉尼亞密碼的本質是根據金鑰來選擇性地使用對應的字母代換表，而它最大的缺陷是字母代換表的短週期循環使用問題。金鑰單詞的字母有多長，加密時便循環使用了多少種字母代換表。轉子是可以轉動的，每轉動一次，所對應的字母代換表就會變換一次。舉例來說，第一個轉子轉動一次後，字母代換表就會平移一次。原始字母代換表：

上方的字母就會向右平移，變成了新的字母代換表：

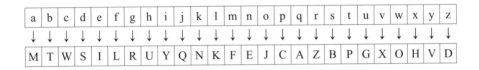

也就是說，轉子轉動一次後新的字母代換表變為：

a	b	c	d	e	f	g	h	i	j	k	l	m	n	o	p	q	r	s	t	u	v	w	x	y	z
↓	↓	↓	↓	↓	↓	↓	↓	↓	↓	↓	↓	↓	↓	↓	↓	↓	↓	↓	↓	↓	↓	↓	↓	↓	↓
M	T	W	S	I	L	R	U	Y	Q	N	K	F	E	J	C	A	Z	B	P	G	X	O	H	V	D

再把第二個轉子考慮進來，由於第二個轉子的字母代換表沒有發生變化，因此兩個轉子共同構成的字母代換表就變為：

在實際使用轉子時，轉子的轉動關係可以與時鐘的工作原理類比。時鐘的時針、分針和秒針的轉動關係如圖 2.8 所示。時鐘的秒針每 1 秒會轉動 1 次，當秒針轉動 60 次後，分針才會轉動 1 次；當分針轉動 60 次後，時針才會轉動 1 次；當時針也轉動了 12 次後，時鐘的秒針、分針、時針位置才會和 12 個小時前的位置完全一致，出現循環狀態。

圖 2.8　時鐘的秒針、分針、時針的轉動關係

　　轉子的轉動關係與之類似。每代換完一個字母，其中一個轉子就會轉動一次；當這個轉子轉動到某個點後，第二個轉子才會轉動一次；當第二個轉子也轉動到某個點後，第三個轉子才會轉動一次，以此類推。這三個轉子一共可以對應 26×26×26 ＝ 17,576 個字母代換表。換句話說，雖然金鑰只包含三個字母，但字母代換表的循環使用週期從 3 擴展為 17,576，循環週期大大增加。這徹底解決了維吉尼亞密碼的最大缺陷。

　　轉子這項改變密碼學歷史的發明，其誕生並非是一蹴而就的。美國密碼學家赫本（Edward Hebern）在 1917 年最先設計出轉子，並在 1918 年設計出基於轉子的加密機原型。赫本還特別成立了赫本電碼機公司，以製作加密機並嘗試將其賣給美國海軍。然而，這個加密機的生意並不是特別好做。荷蘭密碼學家庫奇（Hugo Koch）在 1919 年也提出了轉子的概念，但他只是和另一位德國密碼學家謝爾比烏斯（Arthur Scherbius）合作撰寫了轉子的相關專利。謝爾比烏斯於 1923 年設計出了第一台商用恩尼格瑪機，這台密碼機的銷售情況並不理想。直到謝爾比烏斯去世幾年後，才終於有人將目光投向這台具有劃時代意義的加密機，那便是當時的納粹德國。1926 年，德國海軍對商用恩尼格瑪機進行

了簡單的改良後，便將其應用到海軍軍事通訊中。短短兩年內，恩尼格瑪機迅速在德軍中傳播開來，被廣泛使用於德軍的軍用通訊。

2.3.2 恩尼格瑪機的組成和使用方法

在介紹恩尼格瑪機的工作原理之前，我們先來看看恩尼格瑪機的使用方法。圖 2.9 是一台標準的恩尼格瑪機，總共由四個部分組成：

‧上方的金屬部分是轉子。可以看到，德軍所使用的恩尼格瑪機一共包含三個轉子。

‧中間的 26 個白燈為燈盤（Lampboard），可以從燈盤上快速得到加密和解密的結果。

‧下方的 26 個按鈕為鍵盤（Keyboard），可以透過鍵盤輸入明文和密文。

‧最下方是插接板（Plugboard）。插接板的連接關係使得恩尼格瑪機的金鑰變得更為複雜。

圖 2.9　納粹德國所使用的恩尼格瑪機

　　恩尼格瑪機的使用方法很簡單。在設置好恩尼格瑪機的金鑰後，資訊發送方／資訊接收方只需要在鍵盤上按下明文字母／密文字母，燈盤上便會顯示對應的密文字母／明文字母。圖 2.10 顯示了恩尼格瑪機的加密過程。假定明文是 numberphile（數字狂）＊。當在恩尼格瑪機上按下第一個明文字母 n 時，燈盤上的字母 Y 被點亮，這意味著字母 Y 就是明文字母 n 所對應的密文字母。

圖 2.10　用恩尼格瑪機加密第一個明文字母 n

　　按下一個字母後，恩尼格瑪機上方的轉子會自動轉動，不需要人工操作。資訊發送方只需要在鍵盤上輸入下一個明文字母 u，便得到下一個對應的密文字母 T，如圖 2.11 所示。

＊　numberphile是YouTube上的一個教育頻道，發布的影片主要是探討各個數學領域的主題。Numberphile發布過好幾個以密碼為主題的影片，其中就包括恩尼格瑪機的介紹。

圖 2.11　用恩尼格瑪機加密下一個明文字母 u

　　依順序按下各個明文字母 n、u、m、b、e、r、p、h、i、l、e，就可以依序得到對應的密文字母 Y、T、H、M、Y、I、U、R、F、G、W。最後，我們得到明文 numberphile 對應的密文 YTHMYIURFGW。

　　當然，納粹德國使用的語言是德文，而非英文。德文中除了包含 26 個英文字母外，還包含四個特殊的字元，分別為：Ä、Ö、Ü、ß。在使用恩尼格瑪機時，德軍將這四個特殊字元分別替換為英文字母 AE、OE、UE、SS，以實現所有德文資訊的準確加解密。如今在德國，人們仍然會在某些場合使用這些特殊字母的替換形式。例如，在發送電子郵件時，為了避免 Ä、Ö、Ü、ß 這四個字母的出現而導致亂碼，一些德國人會將郵件中所有的特殊字母替換為如上所述的形式，甚至包括自己名字中的特殊字母。

　　由此可見，恩尼格瑪機的使用既高效又便捷。更可貴的是，恩尼格瑪機的體積不大，便於攜帶，德軍可以將恩尼格瑪機放置在軍艦、飛機甚至坦克上。有了恩尼格瑪機的保護，納粹德國終於可以不用擔心軍事

資訊被盟軍破解了。

2.3.3　恩尼格瑪機的工作原理

　　看過恩尼格瑪機的使用方法後，我們就可以詳細介紹恩尼格瑪機的工作原理了。首先介紹恩尼格瑪機中轉子對應的字母代換方法。標準的恩尼格瑪機上可以安裝三個轉子，分別為左轉子（Left Rotor）、中轉子（Middle Rotor）和右轉子（Right Rotor）。更進一步的話，可以從備選的五個轉子中隨意選出三個轉子，按照一定順序安裝在恩尼格瑪機上。也就是說，共有 5×4×3 ＝ 60 種轉子組合的可能。五個備選轉子所對應的字母代換表如下。

・轉子Ⅰ：

a	b	c	d	e	f	g	h	i	j	k	l	m	n	o	p	q	r	s	t	u	v	w	x	y	z
↓	↓	↓	↓	↓	↓	↓	↓	↓	↓	↓	↓	↓	↓	↓	↓	↓	↓	↓	↓	↓	↓	↓	↓	↓	↓
E	K	M	F	L	G	D	Q	V	Z	N	T	O	W	Y	H	X	U	S	P	A	I	B	R	C	J

・轉子Ⅱ：

a	b	c	d	e	f	g	h	i	j	k	l	m	n	o	p	q	r	s	t	u	v	w	x	y	z
↓	↓	↓	↓	↓	↓	↓	↓	↓	↓	↓	↓	↓	↓	↓	↓	↓	↓	↓	↓	↓	↓	↓	↓	↓	↓
A	J	D	K	S	I	R	U	X	B	L	H	W	T	M	C	Q	G	Z	N	P	Y	F	V	O	E

・轉子Ⅲ：

a	b	c	d	e	f	g	h	i	j	k	l	m	n	o	p	q	r	s	t	u	v	w	x	y	z
↓	↓	↓	↓	↓	↓	↓	↓	↓	↓	↓	↓	↓	↓	↓	↓	↓	↓	↓	↓	↓	↓	↓	↓	↓	↓
B	D	F	H	J	L	C	P	R	T	X	V	Z	N	Y	E	I	W	G	A	K	M	U	S	Q	O

· 轉子 IV：

a	b	c	d	e	f	g	h	i	j	k	l	m	n	o	p	q	r	s	t	u	v	w	x	y	z
↓	↓	↓	↓	↓	↓	↓	↓	↓	↓	↓	↓	↓	↓	↓	↓	↓	↓	↓	↓	↓	↓	↓	↓	↓	↓
E	S	O	V	P	Z	J	A	Y	Q	U	I	R	H	X	L	N	F	T	G	K	D	C	M	W	B

· 轉子 V：

a	b	c	d	e	f	g	h	i	j	k	l	m	n	o	p	q	r	s	t	u	v	w	x	y	z
↓	↓	↓	↓	↓	↓	↓	↓	↓	↓	↓	↓	↓	↓	↓	↓	↓	↓	↓	↓	↓	↓	↓	↓	↓	↓
V	Z	B	R	G	I	T	Y	U	P	S	D	N	H	L	X	A	W	M	J	Q	O	F	E	C	K

　　明文字母依次通過三個轉子後，還會通過一個叫作反射器（Reflector）的裝置。字母經過反射器後，會再次倒序經過之前的三個轉子，得到最終的明文代換結果。反射器實際上也是一個字母代換表，只不過反射器對應的字母代換表就像一個鏡子一樣，一對一地將字母反射回去。因此，德軍把反射器稱為 Umkehrwalze，縮寫為 UKW，意思是反轉轉子（Reversal Rotor）。歷史上德軍一共使用過三種反射器，分別命名為 UKW-A、UKW-B 和 UKW-C。實際上還存在一種反射器 UKW-D，它的作用和前三種反射器不太一樣。前三種反射器對應的字母代換表如下：

· UKW-A：

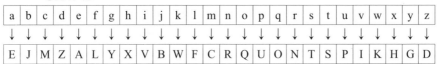

a	b	c	d	e	f	g	h	i	j	k	l	m	n	o	p	q	r	s	t	u	v	w	x	y	z
↓	↓	↓	↓	↓	↓	↓	↓	↓	↓	↓	↓	↓	↓	↓	↓	↓	↓	↓	↓	↓	↓	↓	↓	↓	↓
E	J	M	Z	A	L	Y	X	V	B	W	F	C	R	Q	U	O	N	T	S	P	I	K	H	G	D

・UKW-B：

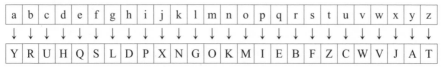

a	b	c	d	e	f	g	h	i	j	k	l	m	n	o	p	q	r	s	t	u	v	w	x	y	z
↓	↓	↓	↓	↓	↓	↓	↓	↓	↓	↓	↓	↓	↓	↓	↓	↓	↓	↓	↓	↓	↓	↓	↓	↓	↓
Y	R	U	H	Q	S	L	D	P	X	N	G	O	K	M	I	E	B	F	Z	C	W	V	J	A	T

・UKW-C：

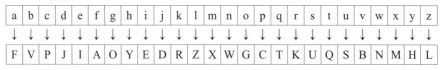

a	b	c	d	e	f	g	h	i	j	k	l	m	n	o	p	q	r	s	t	u	v	w	x	y	z
↓	↓	↓	↓	↓	↓	↓	↓	↓	↓	↓	↓	↓	↓	↓	↓	↓	↓	↓	↓	↓	↓	↓	↓	↓	↓
F	V	P	J	I	A	O	Y	E	D	R	Z	X	W	G	C	T	K	U	Q	S	B	N	M	H	L

　　什麼叫作「像一個鏡子一樣，一對一對地將字母反射回去」呢？以反射器 UKW-B 為例。仔細觀察字母代換表，會發現這個字母代換表非常簡單，也很有規律：字母 a 被代換為字母 Y，字母 y 被代換為 A；同樣地，字母 b 被代換為 R，字母 r 被代換為 B。實際上，26 個字母被成對劃分，每一對字母互為映射結果，就像照鏡子一樣。

　　下面用一個例子來說明轉子和反射器的工作原理。假定資訊發送方將左轉子設置為轉子 I、將中轉子設置為轉子 II、將右轉子設置為轉子 III，反射器為 UKW-B，則明文字母 w 的代換過程如圖 2.12 所示。明文字母 w 會依次被右轉子代換為 U，被中轉子代換為 P，再被左轉子代換為 H。隨後，字母 H 經過反射器後被代換為 D。接下來，字母 D 又依次被左轉子代換為 G、被中轉子代換為 R、被右轉子代換為 I。最終，明文字母 w 被代換為密文字母 I。

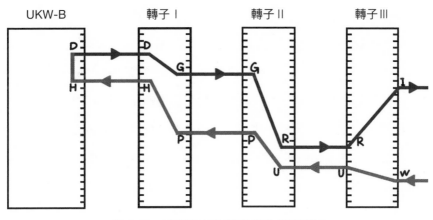

圖 2.12　轉子和反射器的工作原理例子

在商用版本的恩尼格瑪機中，右轉子的右側還有一個稱為定子（Static Wheel）的裝置。定子也包含了一次字母代換，對應的字母代換表為：

a	b	c	d	e	f	g	h	i	j	k	l	m	n	o	p	q	r	s	t	u	v	w	x	y	z
↓	↓	↓	↓	↓	↓	↓	↓	↓	↓	↓	↓	↓	↓	↓	↓	↓	↓	↓	↓	↓	↓	↓	↓	↓	↓
J	W	U	L	C	M	N	O	H	P	Q	Z	Y	X	I	R	A	D	K	E	G	V	B	T	S	F

這個字母代換表看似毫無規律，但如果把表格的上下行翻轉一下，讓上行表示代換字母，下行表示原始字母的話，就可以看出其中的規律了：

A	B	C	D	E	F	G	H	I	J	K	L	M	N	O	P	Q	R	S	T	U	V	W	X	Y	Z
↑	↑	↑	↑	↑	↑	↑	↑	↑	↑	↑	↑	↑	↑	↑	↑	↑	↑	↑	↑	↑	↑	↑	↑	↑	↑
q	w	e	r	t	z	u	i	o	a	s	d	f	g	h	j	k	p	y	x	c	v	b	n	m	l

　　定子的字母代換表和鍵盤代換非常相近。實際上,定子的字母代換表嚴格對應恩尼格瑪機的鍵盤。

　　每個轉子只有 26 種可能的位置,三個轉子總共有 $26 \times 26 \times 26 =$ 17,576 種可能的位置組合 *;一共有五個備選轉子,從五個備選轉子中按順序選擇出三個轉子,一共有 $5 \times 4 \times 3 = 60$ 種可能的選擇方法。因此,總共可用的金鑰數量就有 $17,576 \times 60 = 1,054,560$ 種。可用的金鑰數量看起來不算小,但仍有可能用遍歷所有可能金鑰的方式,暴力破解出金鑰。

　　為了進一步擴展可用金鑰的數量,德軍在恩尼格瑪機上加裝了插接板。在使用恩尼格瑪機時,需要用所謂的插接線,把插接板上的字母連接起來。假設用一條插接線將插接板上的 T 和 K 連接起來,再用另一條插接線將插接板上的 G 和 W 連接起來。如果明文字母中包含 t,則 t 首先會被代換成 K,再進入轉子和反射器進行代換。如果最後的代換結果為 W,則 W 會再經過插接板被代換為 G。也就是說,插接板上的插接線又構成了一個字母代換表,而且這個字母代換表不是固定不變的,而是在每次使用過程中手動設置的。

　　下面用一個例子說明恩尼格瑪機完整的字母代換步驟。首先,依次設置轉子和插接板。轉子的設置方法是:左轉子為轉子Ⅰ、中轉子為轉子Ⅱ、右轉子為轉子Ⅲ,初始位置均為 A。然後,設置反射器為 UKW-B。接下來設置插接板。德軍要求一共要用插接線連接 10 對字母。

---

* 實際上,一台恩尼格瑪機的轉子只擁有 $26 \times 25 \times 26 = 16,900$ 種可能,這是因為每次恩尼格瑪機的中轉子轉動到E、右轉子轉動到W時(表示為EW),下一次轉動後的結果並不是EX,而是FX。這是恩尼格瑪機實際使用時發現的小缺陷。

這裡把插接板設置為：A 與 Z 連接、B 與 P 連接、C 與 H 連接、D 與 N 連接、E 與 M 連接、F 與 S 連接、G 與 W 連接、J 與 Y 連接、K 與 T 連接、L 與 Q 連接。沒有連接的字母表示不進行代換。因此，插接板對應的字母代換表如下：

a	b	c	d	e	f	g	h	i	j	k	l	m	n	o	p	q	r	s	t	u	v	w	x	y	z
↓	↓	↓	↓	↓	↓	↓	↓	↓	↓	↓	↓	↓	↓	↓	↓	↓	↓	↓	↓	↓	↓	↓	↓	↓	↓
Z	P	H	N	M	S	W	C	I	Y	T	Q	E	D	O	B	L	R	F	K	U	V	G	X	J	A

當在鍵盤上輸入一個明文字母 p 時，恩尼格瑪機對其代換的整個過程如圖 2.13 所示。首先，根據插接板的字母代換表，明文字母 p 被代換為 B。然後，字母 B 依次經過定子、右轉子、中轉子、左轉子後，被代換為字母 H。接下來，字母 H 經過反射器後，再依次經過左轉子、中轉子、右轉子、定子，被代換為字母 O。最後，根據插接板的字母代換表，字母 O 最終被代換為密文字母 O。在輸入下一個明文字母之前，右轉子會轉動一位，這會使得恩尼格瑪機的整個字母代換表都發生變化。

下面我們來完整計算一下單次加密時，恩尼格瑪機所有可能的設置方式，也就是恩尼格瑪機金鑰的所有可能。總共需要考慮三個影響因素：轉子的選擇、轉子的初始位置以及插接板的連接方式。

轉子的選擇：在設置恩尼格瑪機時，可以從五個備選轉子中按順序選擇出三個轉子，總計有 5×4×3 ＝ 60 種可能的選擇組合。

轉子的初始位置：每個轉子有 26 種可能的初始位置，三個轉子一共有 26×26×26 ＝ 17,576 種可能的初始位置。

插接板的連接方式：插接板可能的連接方式計算起來有些複雜：

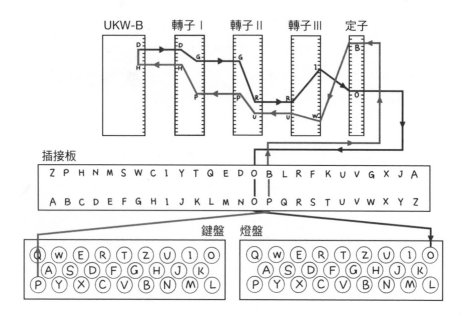

圖 2.13　加密字母 p 時，恩尼格瑪機的完整代換過程

・英文中一共有 26 個字母，將這 26 個字母進行排列，則一共有 $26 \times 25 \times 24 \times \cdots \times 1 = 26!$ 種可能的結果；

・德軍要求要用插接線連接 10 對字母，即選出 20 個字母兩兩一組，不用關心剩下六個字母的排列情況。六個字母一共有 $6 \times 5 \times \cdots \times 1 = 6!$ 種可能的排列情況，因此上述結果要除以 6!；

・要使用插接線連接 10 對字母，連接是無序的。舉例來說，先連接 A 與 Z、後連接 B 與 P，和先連接 B 與 P、後連接 A 與 Z 完全等價。因此，不需要關心 10 對字母的順序，上述結果要除以 $10 \times 9 \times \cdots \times 1 = 10!$；

・由於字母是成對連接的，這意味著每對字母互換順序也不會造成

影響。舉例來說，連接 A 與 Z 和連接 Z 與 A 完全等價。因此，每一對字母都要除以 2，一共有 10 對字母，故上述結果要除以 2^{10}；

綜上所述，插接板連接的可能性有 $26!/(6! \times 10! \times 2^{10})=$ 150,738,274,937,250 種。

把以上計算出的所有結果相乘，才能最終得到恩尼格瑪機可用的金鑰總數目。金鑰總共有 158,962,555,217,826,360,000 種可能。

這個數有多大呢？大約是 2005 年美國國會圖書館藏品總數量的 10,000 倍。也就是說，如果把所有的金鑰全都寫在紙上，每張紙上寫 100 行，每 100 頁裝訂成冊，那麼所有的冊子差不多可以塞滿整個美國國會圖書館。

可用金鑰的數目非常龐大原本是件好事，但同時也帶來了一個棘手的問題：恩尼格瑪機的金鑰設置如此複雜，任何一個細小的設置錯誤都會導致金鑰錯誤，致使密文解密失敗。德軍怎麼保證資訊發送方與接收方對於恩尼格瑪機的設置完全一致呢？在解決這個問題的同時，德軍還需要解決金鑰洩露問題。在戰爭過程中，德軍不可避免地會有戰鬥失敗的情況。如果戰鬥失敗，一旦讓盟軍從德軍俘虜手中拿到了恩尼格瑪機的金鑰，那麼盟軍要破譯截獲的德軍密文資訊就變得易如反掌了。因此，恩尼格瑪機金鑰務必要進行週期性更新。

為此，德軍在各個部隊安插了通訊兵。他們會在每月集合時領到下個月將要使用的恩尼格瑪機新金鑰。

恩尼格瑪機克服了維吉尼亞密碼最嚴重的缺陷，插接板的使用又將可用金鑰的數目擴展到了一個天文數字。如此完美的一台加密機，像是德軍手中一隻恐怖的猛獸，讓盟軍的無數密碼破譯者束手無策。是誰最

終戰勝了這台機器呢？想必各位讀者也猜到了，這位勇士便是密碼學之父，同時也是電腦之父圖靈。

2.3.4 恩尼格瑪機的破解方法

恩尼格瑪機的設計與破解，反映出德軍和盟軍在密碼層面的博弈。德軍最初使用的初代恩尼格瑪機並沒有上一節介紹的那麼複雜：一共只有三個轉子（轉子Ⅰ、轉子Ⅱ、轉子Ⅲ）；德軍只要求用插接線連接 6 對字母，而非 10 對字母。因此，恩尼格瑪機最初的金鑰可能性並沒有那麼多。按照上述相同的分析方法，可以得到金鑰的可能性為：

$$3 \times 2 \times 1 \times 26 \times 26 \times 26 \times \frac{26!}{14! \times 6! \times 2^6} = 10,586,916,764,424,000$$

初代恩尼格瑪機的金鑰可能性是德軍所使用的恩尼格瑪機金鑰可能性的 1 / 15,015。當然，雖然金鑰可能性變少了，但並不意味著破解會變得很容易。商用恩尼格瑪機的金鑰可能性對當時的密碼破譯者來說已然是一個天文數字。

然而，導致初代恩尼格瑪機被破解的根本原因並不是恩尼格瑪機本身的缺陷，而是德軍在使用方法上的缺陷。當使用恩尼格瑪機加密一段軍事資訊時，德軍規定資訊發送方要按照以下規則完成加密：

（1）資訊發送方從金鑰表中查找當日所使用的金鑰。這個金鑰稱為日金鑰（Daily Key）；

（2）資訊發送方再隨機想像三個轉子的另一種設置方式，假定為 17（Q）、11（K）、04（D），新想像的設置方式稱為會話金鑰（Session

Key）；

（3）資訊發送方按照日金鑰設置恩尼格瑪機，隨後依次在恩尼格瑪機鍵盤上輸入 Q、K、D、Q、K、D，得到在日金鑰下，會話金鑰的兩次加密結果；

（4）資訊發送方將轉子設置為 17、11、04，再用新的設置方式加密軍事資訊。與之對應，資訊接收方接收到一段密文時，按照下述規則完成解密：

‧資訊接收方從金鑰表中查找當日金鑰；

‧資訊接收方按照日金鑰設置恩尼格瑪機，隨後解密密文的前六個字母；

‧資訊接收方對比解密得到的六個字母中，前三個字母和後三個字母是否一致，如果不一致，則認為這段密文是錯誤的，報告給上級；

‧如果一致，則解密結果就是會話金鑰。資訊接收方按照會話金鑰設置轉子，再用新的設置方式解密軍事資訊。

換句話說，德軍先用日金鑰加密會話金鑰，再用會話金鑰去加密資訊。這樣做的好處是：即使出於某種特殊的原因，盟軍從密文中破解出會話金鑰，或者會話金鑰被洩露，只要日金鑰是安全的，則當日其他的加密資訊仍是安全的。此外，連續兩次輸入會話金鑰，可以讓資訊接收方在解密密文前驗證會話金鑰的正確性。

然而，正是由於密文的起始部分包含了兩次相同的金鑰，密碼破譯者就可以知道：密文的第一個字母、第四個字母的解密結果相同，對應第一個轉子的設置方式；密文的第二個字母、第五個字母的解密結果

相同，對應第二個轉子的設置方式；密文的第三個字母、第六個字母
的解密結果相同，對應第三個轉子的設置方式。根據這個規律，波蘭
的三位密碼學家雷耶夫斯基（Marian Adam Rejewski）、羅佐基（Jerzy
Różycki）和佐加爾斯基（Henryk Zygalski）應用純數學的方法，成功破
解了初代恩尼格瑪機的會話金鑰。進一步，透過得知同一天的大量會話
金鑰，這三位波蘭密碼學家又成功恢復出日金鑰，使得初代恩尼格瑪機
遭到完全破解。1930 年代初期，三位密碼學家在波蘭軍情局密碼處全
體職員的協助下，設計並製造了恩尼格瑪機的複製品。1933 年 1 月至
1939 年 9 月，他們總計破譯了將近十萬條德軍的軍事資訊，使波蘭掌握
了大量德軍的機密軍事情報。

這三位波蘭密碼學家使用純數學的方法完成了初代恩尼格瑪機的破
解。可想而知，破解的過程非常抽象，難以理解，本節就不展開介紹了。
總之，初代恩尼格瑪機的破解迫使德軍不得不對恩尼格瑪機進行改進，
以提高它的安全強度。德軍為此煞費苦心。1938 年 9 月 15 日，德軍使
用了新的方法來傳遞會話金鑰。波蘭密碼學家不甘示弱，進一步設計出
暴力破解恩尼格瑪機金鑰的機器，命名為「炸彈」（Bomba）。「炸彈」
的破解原理要簡單得多：炸彈會暴力搜尋恩尼格瑪機所有的金鑰可能，
在兩小時內找到正確金鑰。

恩尼格瑪機的金鑰已經可以被機器暴力破解之後，擴充金鑰數量對
德軍來說便是火燒眉毛的問題了。1938 年 12 月 15 日，德軍終於又引
入了兩個轉子：轉子IV和轉子V。這樣一來，轉子的設置方式從之前的
$3 \times 2 \times 1 = 6$ 種，變為 $5 \times 4 \times 3 = 60$ 種。這導致「炸彈」需要搜尋的金
鑰量增加了 10 倍，破解時間也隨之增加了 10 倍。1939 年 1 月 1 日，德

軍進一步要求用插接線連接的字母對數從 6 對擴展為 10 對。至此，波蘭密碼學家再也無法找出更進一步的破解方法了。預感到德軍將要入侵波蘭，他們於 1939 年 7 月 24 日與法國和英國密碼學家分享了現有的恩尼格瑪機破解方法，尋求他國密碼學家的協助。

1939 年 9 月 1 日，德軍入侵波蘭，所有波蘭密碼學家迅速逃往法國。當法國也被德軍攻陷後，密碼學家又全部轉移到了英國，並在牛津和劍橋之間的布萊切利莊園（Bletchley Park）進一步研究恩尼格瑪機的破解方法。在這個戰況岌岌可危的關鍵時刻，《模仿遊戲》電影的主角——圖靈走上了歷史的舞臺。圖靈也於 1939 年來到了布萊切利莊園，開始參與恩尼格瑪機的破解工作。他很快意識到，由於恩尼格瑪機金鑰的可能性過多，幾乎不可能用人工計算的方式破解。基於波蘭密碼學家設計的「炸彈」，圖靈進一步改進了破解機器，並把機器的名字由 Bomba 改為了 Bombe，意為新一代「炸彈」。然而，即使對機器進行了改進，恩尼格瑪機金鑰的可能性對於當時的機器來說仍然過於龐大。在機器遍歷所有可能的金鑰之前，德軍就已經根據金鑰表對日金鑰進行更新了。圖靈迫切需要新的方法來縮小金鑰的搜尋範圍，從而更快地破解恩尼格瑪機。幸好，圖靈最終發現了加速破解的方法，而這一探索過程便是《模仿遊戲》中講述的關鍵橋段。

下面就來深入分析一下圖靈的破解方法。在破解之前，我們需要了解恩尼格瑪機的兩個特性。第一，恩尼格瑪機的加密和解密過程是自反的。也就是說，按照相同的方法進行設置，輸入明文字母，得到的就是密文字母；輸入密文字母，得到的就是明文字母。這是一個非常便捷的特性，使用者不需要根據使用目的設置恩尼格瑪機，只要金鑰設置正確

了，恩尼格瑪機就能同時支持加密與解密操作。

　　第二，雖然恩尼格瑪機會用不同的字母代換表對明文進行加密，但是無論字母代換表如何變化，明文字母的代換結果一定不是明文字母本身。為什麼會有這樣的特性呢？回想圖 2.13 的恩尼格瑪機加密原理圖，假設有一個明文字母的加密結果仍然是其本身，那麼這個字母沿著淺色的路徑到達反射器後，應該同樣沿著淺色的路徑返回。但是，反射器的目的正是讓字母沿著淺色的路徑經過反射器後，可以沿著另一條深色的路徑返回。如果仔細觀察反射器對應的字母代換表，就會發現反射器的字母代換表中，明文字母一定與不相同的密文字母對應。

　　這個特性看似合理——如果明文字母加密後得到的仍然是原始的明文字母，那這個字母相當於沒有被加密，安全性豈不是降低了？實則不然，圖靈正是抓住了這一特性，才最終完全破解了恩尼格瑪機。

　　破解流程如下：首先，盟軍的情報機構獲知，德軍在每天早晨六點會用電報發送一份天氣預報。既然是天氣預報，電報中想必會包含「天氣」這個詞。

　　圖靈接下來要猜測，六點截獲的電報密文中到底是哪一段密文對應的明文是「天氣」一詞呢？假定截獲電報密文的開頭是 JXATQBGGYWCRYBGDT，而「天氣」一詞所對應的德文是 wetterbericht。圖靈先猜測 wetterbericht 對應的密文是 JXATQBGGYWCRY。由於明文的第四個字母和密文的第四個字母相同，而明文字母的加密結果不可能是其本身，因此這個猜測是錯誤的。

序號	01	02	03	04	05	06	07	08	09	10	11	12		
明文	w	e	t	t	e	r	b	e	r	i	c	h	t	
密文	J	X	A	T	Q	B	G	G	Y	W	C	R	Y	B	G	D	T

圖靈隨後猜測，wetterbericht 對應的密文是 XATQBGGYWCRYB。這也是錯誤的，因為明文的第三個字母和密文的第三個字母相同。

序號		01	02	03	04	05	06	07	08	09	10	11	12	13	
明文		w	e	t	t	e	r	b	e	r	i	c	h	t	
密文	J	X	A	T	Q	B	G	G	Y	W	C	R	Y	B	G	D	T

繼續猜測，wetterbericht 對應的密文是 ATQBGGYWCRYBG。似乎這個猜測沒有什麼問題。圖靈把這個猜測結果記錄下來。

序號		01	02	03	04	05	06	07	08	09	10	11	12	13	
明文		w	e	t	t	e	r	b	e	r	i	c	h	t	
密文	J	X	A	T	Q	B	G	G	Y	W	C	R	Y	B	G	D	T

圖靈繼續猜測，wetterbericht 對應的密文是 TQBGGYWCRYBGD。這個猜測是錯的，因為明文的第九個字母和密文的第九個字母相同。

序號			01	02	03	04	05	06	07	08	09	10	11	12	13
明文			w	e	t	t	e	r	b	e	r	i	c	h	t
密文	J	X	A	T	Q	B	G	G	Y	W	C	R	Y	B	G	D	T

圖靈最後猜測，wetterbericht 對應的密文是 QBGGYWCRYBGDT。由於明文的第 13 個字母和密文的第 13 個字母相同，因此這個猜測也是錯的。

序號			01	02	03	04	05	06	07	08	09	10	11	12	13
明文			w	e	t	t	e	r	b	e	r	i	c	h	t
密文	J	X	A	T	Q	B	G	G	Y	W	C	R	Y	B	G	D	T

如此看來，很可能 wetterbericht 對應的密文是 ATQBGGYWCRYBG。密碼破解過程中，這類資訊在密碼分析學中被稱為明密文對（Crib）。在實際破解中，不一定非要使用 wetterbericht 一詞作為可能的明密文對，還可以使用其他詞語。例如，德軍電報的結尾一般都是「希特勒萬歲」（Heil Hitler），因此用 heilhitler 進行猜測，也很容易得到相應的明密文對。

要如何使用這組明密文對呢？接下來，圖靈仍然會暴力搜尋所有可能的轉子選擇和所有可能的轉子設置狀態。不過，利用明密文對將大幅減少金鑰的搜尋範圍。這為恩尼格瑪機密文的破解提供了新的思路。

下面用一個例子來說明插接線連接的推測方法。首先，猜測轉子的

設置順序和轉子的初始狀態。根據獲得的明密文對，之前已經得到了如表 2.16 的對應關係。

表 2.16　明文字母與密文字母的對應關係

序號		01	02	03	04	05	06	07	08	09	10	11	12	13
明文		w	e	t	t	e	r	b	e	r	i	c	h	t
密文	J	X	A	T	Q	B	G	G	Y	W	C	R	Y	B	G

從第 2 個明密文字母對開始進行破解。首先要再進行一次猜測：插接線將字母 A 與字母 T 連接起來，如圖 2.14 所示。

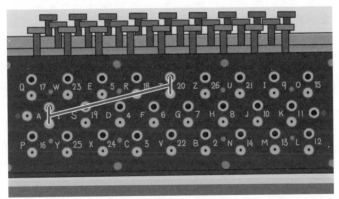

圖 2.14　猜測插接線將字母 A 與字母 T 連接

這意味著，當輸入字母 t 時，字母 t 首先會因插接線而被代換為字母 A，隨後再經過轉子和反射器進一步進行代換。由於已經固定了轉子的設置順序和轉子的初始位置，可以透過觀察轉子和反射器，根據對應的字母代換表，知道字母 A 經過轉子和反射器後，被代換成什麼字母。

經過觀察，可以知道字母 A 經過轉子和反射器後，被代換為字母 P。

　　然而，根據明密文對，可以知道最終的解密結果應該為 E，而不是 P。造成這種情況的原因只有一個，就是插接線將字母 P 和字母 E 連接起來了。因此，我們用插接線連接字母 P 和字母 E，如圖 2.15 所示。

圖 2.15　推測出插接線將字母 P 與字母 E 連接

　　再觀察第三個明密文對，由於恩尼格瑪機的加密和解密過程是自反的，即 Q 的解密結果為 t，等價於 T 的解密結果為 q，因此可以按照相同的方法再次進行推測，得到另一個插接線連接的形式。同樣地，觀察第四個明密文字母對，T 的解密結果為 b，因此又可以推斷出一個插接線的連接形式。

　　利用這種方式，可以持續不斷地進行推測，直到出現了如下三種情況。

　　（1）推測過程中出現了矛盾。例如，最初假定插接線將字母 A 與字母 T 連接。然而，透過推測後，發現字母 A 應該與字母 G 連接，但

是字母 A 不可能同時與字母 T 和字母 G 連接，如圖 2.16 所示。這意味著最初的猜測是錯誤的。

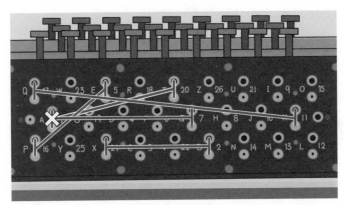

圖 2.16　字母 A 不可能同時與字母 T 和字母 G 連接

（2）字母連接數量超過 10 對。經過不斷地推測，僅連接 10 對字母仍然不能滿足明密文對的要求。這意味著最初的猜測是錯誤的。

（3）字母連接數量恰好 10 對。此時，推測出的恩尼格瑪機設置方式與實際的恩尼格瑪機設置方式吻合。這意味著最初的猜測可能是正確的。

如果猜測是錯誤的，就需要重新猜測插接線的連接形式，或重新猜測轉子的設置順序，或重新猜測轉子的設置方式。雖然仍然需要進行猜測，但猜測範圍已經大大減少了。在理想狀態下，只需要搜尋轉子設置順序的全部可能、轉子設置方式的全部可能，以及一個字母的插接線連接可能，就可以破解恩尼格瑪機了。

請注意，一個字母的插接線總共有 26 種連接可能，即與其他 25 個字母中的一個進行連接，或是不連接其他字母，因此總猜測次數為 $5×4×3×26×26×26×26 = 27,418,560$ 次，遠小於恩尼格瑪機金鑰的全部可能：158,962,555,217,826,360,000。

當然了，27,418,560 次對於人工破解來說仍然較為複雜，圖靈和其他密碼學家運用了一些破解技巧進一步降低了猜測次數，並用機器「炸彈」來自動進行猜測。「炸彈」的破解速度非常快，一般情況下，「炸彈」可以在短短一小時內破解密文。光是在 1942 年這一年，圖靈和其他密碼學家便已使用「炸彈」破解了多達五萬條德軍的機密電報。

遺憾的是，在第二次世界大戰結束後，所有「炸彈」機器都被摧毀或被拆除，沒有一台機器倖存下來。密碼愛好者哈珀（J. Arper）於 1990 年代中期發起了「炸彈」重建計畫，目的是重新建構一個功能完備的「炸彈」機器複製品。該複製品於 2007 年完成，現在陳列於布萊切利莊園博物館中，圖 2.17 便為此複製品。

本章回顧了第一次世界大戰中的密碼以及第二次世界大戰中德軍所使用的恩尼格瑪機。利用多表代換原理建構的密碼仍不夠安全，而這種不安全性會使得軍方在戰爭中處於極為不利的地位。從密碼學的角度看，截至第二次世界大戰結束，密碼破譯者總是比密碼設計者略勝一籌。

然而，新理論的出現讓密碼設計者打了一個漂亮的翻身仗。隨著圖靈「炸彈」機器原理的進一步擴展，人類終於開啟了電腦時代，也掌握了與電腦運作原理相關的理論。不僅是密碼破譯者，密碼設計者也擁有了電腦這樣的有力武器。與此同時，通訊領域奠基人夏農（Claude Shannon）於 1948 年發表了劃時代的論文〈通訊的數學理論〉（A

圖 2.17　圖靈所改造的「炸彈」的複製品

Mathematical Theory of Communication）。這篇論文從數學層面系統論述了資訊的定義、如何對資訊進行量化，以及如何更好地對資訊進行編碼。結合夏農的理論和電腦的相關理論，密碼設計者終於找到了設計安全加密方法的途徑。至此，密碼學從古典密碼時期走入了現代密碼時期。

　　在介紹現代密碼的設計原理之前，需要先了解一些必要的數學知識和電腦科學的知識。下一章將簡要介紹這些必要的理論知識。在大致了解這些原理性知識後，就可以走入現代密碼學的世界，了解如何科學地設計安全的密碼了。

　　有關 ADFGX 和 ADFGVX 密碼的具體破解方法，可以閱讀鮑爾（Craig P. Bauer）所寫的書《密碼歷史：密碼學故事》（*Secret History: The Story of Cryptology*）的第六章「第一次世界大戰和赫伯特・亞德利

（Herbert O. Yardley）」。此章也詳細介紹了美國密碼學之父亞德利的傳奇人生。

　　有關維吉尼亞密碼的具體破解方法，可以閱讀賽門・辛（Simon Singh）所寫的書《碼書》（*The Code Book*）的第二章「不可破譯的密碼」。

　　也可以上網查看美國密碼學博物館的恩尼格瑪機頁面，了解更多有關恩尼格瑪機的歷史。也可以透過線上的恩尼格瑪機模擬器，來嘗試使用恩尼格瑪機。推薦德特（Louise Dade）的恩尼格瑪機模擬器。這個模擬器雖然存在一定的缺陷，例如沒有考慮定子、右轉子的字母代換方向等問題，但仍然可以藉由此模擬器直觀地了解恩尼格瑪機的使用方法。有關恩尼格瑪機更詳盡的工作原理解釋，可以參考伯克利（K. Buckley）的部落格文章〈恩尼格瑪機原理〉（Enigma Machine Kata）。《密碼歷史：密碼學故事》的第八章「第二次世界大戰：德軍的恩尼格瑪」詳細講解了波蘭密碼學家如何利用德軍會話金鑰使用不當這一漏洞破解初代恩尼格瑪機。關於圖靈破解恩尼格瑪機的詳細方法，可以參考知友 @ 十一點半在知乎問題「《模仿遊戲》中 A. 圖靈是如何破解恩尼格瑪的？」上發表的答案。

03

+ + + + +

「曾愛理不理，現高攀不起」

數論基礎：
密碼背後的數學原理

　　歷史的車輪滾滾向前。早在 1936 年，圖靈便已經在其論文〈論可計算數及其在判定性問題上的應用〉（On Computable Numbers, with an Application to the Entscheidungs problem）中介紹了「電腦」的概念。這一概念對應的電腦原型被稱為圖靈機（Turing Machine）。人們在日常所使用的電腦都屬於圖靈機。

　　可想而知，如此超前的想法在當時那個年代一定很難被世人接受。圖靈的論文遭到當時科學家的鄙視。該論文的審稿專家毫不客氣地指出：

　　這篇論文非常古怪。其開篇就定義了一個我從來沒聽說過的所謂「計算設備」的東西，並論述這種計算設備不能對一類特殊的數字完成計算。我基本上沒看懂這篇論文的形式化論述方式，而且這些雜七雜八的論述看似毫無意義。據我所理解的內容看，這篇論文想說明的是，這種計算設備不能計算兩類數字：（1）太大的數字，以至於數字不能用機器來表示；（2）數字雖小，但部分計算過程無法完成。這難道不是很顯然的嗎？數字太大，當然無法計算；如果計算過程本身無法完成，那麼機器當然也計算不了！

　　論文稱，此類機器可以對特定的數字完成計算，條件是此計算過程可以用函數表示，而函數可以用四種操作的組合來實現。圖靈所描述的機器並不是對已有的機器改進。這種奇怪機器的構造方法過於簡單，我強烈懷疑這種機器是否真的能用。

　　如果這篇論文能被收錄，圖靈需要意識到，這本雜誌要求用英文撰寫，所以圖靈應該把文章標題中出現的德文詞彙更換為英文詞彙。

　　值得慶幸的是，多年以後圖靈的電腦設計理念最終為世人所認可。
1944 年 6 月 6 日，英國的電報工程師佛勞斯（Tommy Flowers）遵循圖
靈的電腦理念設計出的巨像（Colossus）電腦問世（如圖 3.1 所示），它
被認為是人類歷史上第一台可程式化的電子計算機。

圖 3.1　「巨像」電腦

　　在巨像電腦誕生的兩年後，美國陸軍的彈道研究實驗室（Ballistic
Research Laboratory）於 1946 年 2 月 14 日製造出「電子數值積分計算機」
（Electronic Numerical Integrator And Computer，ENIAC），用於計算火
炮的火力表。ENIAC 是人類歷史上第一台真正完整實現圖靈計算理念的
電腦。

　　電腦的出現徹底改變了密碼學的發展史。密碼設計者意識到，電腦
的出現會大大提升密碼的破解速度，破解過程變得異常簡單粗暴：把密
文和解密演算法輸入到電腦中，讓電腦搜尋金鑰的所有可能，直至得到

有意義的明文。由於電腦的計算速度非常快，只要金鑰的全部可能結果數量不太龐大，人們就可以很快將其破解。這樣一來，當時所有密碼的安全性都受到了巨大的威脅。密碼設計者迫切需要設計一種用電腦也無法破解的密碼。終於，他們應用了科學的方法設計出了更安全的新型密碼，即使計算能力強大的電腦也很難破解。為了能更好地理解密碼學家所提出的這些新型密碼，我們需要了解電腦背後所蘊含的數學原理——數論（Number Theory）。

數論是一個純粹的數學分支，主要用於研究整數的性質。數論在誕生後的很長一段時間裡僅可用於數學理論的證明，難以在實際中找到特定的應用場景。因此，廣大工程師一直以來都對數論愛理不理的。然而，現代密碼學的發展，特別是公開金鑰密碼學的發展，使得數論終於在應用領域找到了歸宿。如今，數論的相關研究成果被廣泛應用於密碼學中，成為電腦網路安全通訊、安全儲存、身份認證等安全機制的核心理論基礎。

數論看起來一點也不接地氣，但它其實隱藏在人們日常生活中的各個角落。例如，用於唯一標識每一位中國公民的身份證號碼，就和數論有著極為緊密的關係。細心的讀者可能留意到了這幾個細節：（1）有的人身份證號碼末位是 X，而不是數字。（2）如果填寫身份證號碼時填錯了一位，系統會自動提醒身份證號碼填寫有誤。系統是如何進行判斷的呢？

本章將從數論中最基本的質數入手，講解與現代密碼學相關的數學原理，並介紹這些數學原理背後的故事。隨後，本章將以身份證號碼為例，介紹這些數學原理在實際中的應用。在了解這些基本的數學原理後，我們就可以進入現代密碼學的世界，了解如何科學地設計密碼了。

3.1 質數的定義：整數之間的整除關係

數論主要研究的是整數的性質。整數有很多不同的分類方式：可以根據是否大於0，將整數分為負數、正數和0；也可以根據末位是1、3、5、7、9還是2、4、6、8、0，將整數分為奇數和偶數。而最令數學家感興趣的分類方式，是將整數分為質數（Prime Number）與合數（Composite Number）。相信大家在學校裡學因數和倍數時，就學到了質數和合數的概念。然而，質數這類看似簡單的數字卻包含著一種神祕的力量，讓無數數學家為之著迷。本節將沿著歷史的蹤跡，細述與質數有關的知識與故事。

3.1.1 最簡單的運算：加、減、乘、除

首先讓我們一口氣回溯到上古時代，看一看數字的發展史。人類為什麼會引入數字呢？引入數字最初的目的是為了計數與運算。最早出現的數字是自然數＊（Natural Number）。顧名思義，自然數的存在非常自然，人類天生就需要用自然數來計算個數。即使是尚未接受初等教育的兒童，也能很自然地理解1個蘋果、2個香蕉這類個數的概念。去掉蘋果和香蕉，剩下的1和2便是最早出現的數字——自然數。

有了自然數，人類就可以愉快地進行加法（Addition）運算了。1個蘋果加上1個蘋果等於2個蘋果，對應的運算是1＋1＝2；3個香蕉加上5個香蕉等於8個香蕉，對應的運算是3＋5＝8。加法的概念簡

＊ 現已將0歸為自然數。

單而又直觀。有了加法運算，自然也就有了減法（Subtraction）運算。大的數字減去小的數字不會遇到什麼問題，例如，有 3 個蘋果，吃掉 1 個蘋果，還剩下 2 個蘋果，對應的運算是 3 － 1 ＝ 2。但是，小的數字與大的數字相減就會遇到比較大的問題。昨天有 3 個蘋果，今天仍然有 3 個蘋果，蘋果數量沒有變化。沒有變化用什麼數字表示呢？為此，人類引入了 0 的概念。昨天有 3 個蘋果，今天有 2 個蘋果，蘋果數量少了 1 個。少了 1 個用什麼數字表示呢？為此，人類引入了負數（Negative Number）的概念。人們規定，小於 0 的數是負數，大於 0 的數則是正數（Positive Number）。這樣，就可以把上述問題對應的運算表示為 2 － 3 ＝ － 1。有了自然數、0、負數、加法和減法，人類已經基本上解決了計數問題。

也可以換一種方式理解正數和負數：負數是與某個正數相加後結果為 0 的數。如果給定的正數是 a，就把與 a 相加等於 0 的數表示成 － a。這樣一來，2 － 3 可以理解為「2 加上 3 的負數」，用運算表示為：2 ＋（－ 3）。只要定義了負數，就可以把減法也用加法來表示。

隨著歷史的不斷推進，僅有的加法和減法已經難以滿足人類對於計數的需求。古代戰爭時，士兵常常要站成方陣的形式，如 5 行 7 列、6 行 6 列等。軍官該如何快速知道方陣中有多少士兵呢？為了解決這個問題，人類引入了乘法（Multiplication）的概念。有了乘法運算，軍官很快就可以知道 5 行 7 列一共有 35 名士兵，對應的運算是 5×7 ＝ 35。

多數情況下，人類需要處理多個相同整數連乘的情況。例如，用正方形堆方塊，橫向放 5 個方塊、縱向放 5 個方塊、高度也為 5 個方塊，一共要放多少個方塊呢？很容易運用乘法運算得到一共需要 5×5×5 ＝

125 個方塊。人類進一步引入了一種更簡單的方法表示相同整數連續相乘，也就是冪（Power），或是次方。如果給定的整數是 a，連續相乘的次數是 b，就把 a 寫在下方，b 寫在 a 的右上方，即 a^b。人們把寫在下方的 a 稱為底數（Base），把寫在右上方的 b 稱為指數（Exponent）。用冪的形式可以把 $5×5×5 = 125$ 表示成 $5^3 = 125$，如圖 3.2 所示。

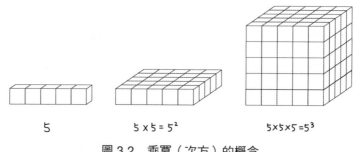

圖 3.2　乘冪（次方）的概念

　　有了乘法，對應就出現了除法（Division）。同樣是士兵列隊，一共有 35 名士兵，站成 7 列，軍官如何很快地知道士兵應該站成多少行呢？運用除法，軍官可以快速得到應該站成 5 行，對應的運算是 $35÷7 = 5$。

　　然而，除法的概念並沒有想像的那麼簡單。一旦定義除法，就不得不面對一個難題：除不盡怎麼辦？人們定義，兩個整數進行除法運算，得到的結果為商（Quotient）。除法運算如果除得盡，商就是整數。例如，$35÷7 = 5$，結果就是整數；再如，$12÷3 = 4$，結果也是整數。除法運算如果除不盡，結果就不是整數了。例如，$11÷4$，結果不能用整數表示。為了解決這個問題，人類想出了兩個辦法。第一個辦法是引入餘數

（Remainder）的概念：如果除法運算除不盡，就把除不盡的部分記錄下來，作為餘數。例如，$11 \div 4$ 的商為 2，餘數為 3，對應的運算是 $11 = 4 \times 2 + 3$，這樣就巧妙地解決了除不盡的問題。第二個辦法是引入小數（Decimal）和分數（Fraction）的概念，即再使用一種新的數字來表示結果。例如，$11 \div 4 = \dfrac{11}{4}$，用分數表示結果；或 $11 \div 4 = 2.75$，用小數表示結果。如果用小數表示除不盡的結果，還會出現兩種情況：得到的結果是有限小數，例如 $11 \div 4 = 2.75$；得到的結果是無限循環小數，比如 $2 \div 3 = 0.6666\cdots$。

很明顯，用分數表示除不盡的情況會更省事一些，不需要面對小數點後無限循環的情況。分數的巧妙之處還不止於此。把分數上下分開看，上面的部分稱為分子（Numerator），下面的部分稱為分母（Denominator）。與減法和負數的概念類似，可以把分數看成是分子和分母的倒數（Reciprocal）相乘的形式。例如，$11 \div 4 = \dfrac{11}{4} = 11 \times \dfrac{1}{4}$，其中 $\dfrac{1}{4}$ 就是 4 的倒數。

可以把倒數理解為：與某個整數相乘結果等於 1 的數。如果給定的整數是 a，就把 a 的倒數表示成 a^{-1}。例如，由於 $4 \times \dfrac{1}{4} = 1$，根據倒數的定義，可以把 $\dfrac{1}{4}$ 表示為 4^{-1}。這樣一來，可以把 $\dfrac{11}{4}$ 表示為 $11 \times \dfrac{1}{4} = 11 \times 4^{-1}$。只要定義了倒數，就可以把除法也用乘法來表示。

之所以把 a 的倒數寫為 a^{-1} 的形式，是因為這種表示方法可以和乘冪的表示方法完美結合起來。例如，對於運算 $5 \times 5 \times 5 \times 5 \div 5 \div 5$，運用乘冪和倒數可以將此運算表示為 $5 \times 5 \times 5 \times 5 \div 5 \div 5 = 5^4 \times 5^{-1} \times 5^{-1}$。如果讀者朋友熟悉冪運算的運算規則，就會知道：乘冪的底數相同，則指數可以直接用加減法運算。因此，上述運算可以進一步簡化為 $5^4 \times 5^{-1} \times 5^{-1}$

$=5^{4-1-1}=5^2=25$。這個結果與直接計算 $5\times5\times5\times5\div5\div5 = 25$ 的結果完全一樣。

3.1.2　加、減、乘、除引發的兩次數學危機

　　早在約西元前 500 年左右，人類就已經定義了自然數、0、負數、小數、分數等基本概念，加法、減法、乘法、除法、冪等基本運算。運用這些基本概念和基本運算，人類似乎已經可以完成所有的運算。然而，事物總不像看起來那麼簡單。圍繞加、減、乘、除的運算引發了數學史上的兩次數學危機。

　　「第一次數學危機」源於古希臘著名數學家和哲學家畢達哥拉斯及其相關學派：畢達哥拉斯學派。在定義了整數、分數以及加、減、乘、除運算後，畢達哥拉斯認為數學已經變得非常完美。他宣稱「凡物皆數」，意思是萬物的本源都是數字，數字的規律統治萬物。畢達哥拉斯學派相信，一切的數字都可以表示為整數或分數。然而，畢達哥拉斯學派的門生希帕索斯（Hippasus）發現，邊長為 1 的正方形對角線的長度並不能用整數或分數表示，而是一個「怪數」：$\sqrt{2}$。

　　我們來簡單證明一下「怪數」$\sqrt{2}$ 不能用分數表示。假定 $\sqrt{2}$ 可以用分數 $\frac{p}{q}$ 表示，即 $\sqrt{2}=\frac{p}{q}$，其中 $\frac{p}{q}$ 是一個不能再約分的分數。等式兩邊平方，得到 $2=\frac{p^2}{q^2}$。簡單整理一下，則為 $p^2=2q^2$。由等式可知，p^2 等於 2 乘以某個整數，所以 p^2 一定是偶數。因為奇數的平方只能是奇數，不可能是偶數。所以只有偶數的平方才可能是偶數，故 p 一定是偶數。因此，可以假設 $p = 2k$，其中 k 也是一個整數。因此，$2q^2=p^2=(2k)^2=4k^2$，所以有 $q^2=2k^2$。但這樣一來，q 也應該是一個偶數。但是，如果 p 和 q 都是

偶數的話，$\sqrt{2} = \dfrac{p}{q}$ 的上下就可以都除以 2 進行約分了，這就產生了矛盾。因此，可以判斷前提假設「$\sqrt{2}$ 可以用分數 $\dfrac{p}{q}$ 表示」是錯誤的，所以 $\sqrt{2}$ 不能用分數 $\dfrac{p}{q}$ 表示。

　　「怪數」的發現徹底撼動了畢達哥拉斯學派的數學信念。畢達哥拉斯學派為了保衛自己在數學領域的名聲與地位，決定對這個新發現的「怪數」保密。可是俗話說得好，「沒有不透風的牆」，希帕索斯最終無意間洩露了這個發現，他也因此被畢達哥拉斯學派的人扔進大海淹死了。這便是數學史上著名的「第一次數學危機」。

　　「第一次數學危機」最終導致了無理數（Irrational Number）的發現。事實上，並不是所有的數都可以表示為整數或分數。可以用整數或分數表示的數稱為有理數（Rational Number），而有理數是不完備的。簡單來說，如果用一條直線來表示所有的數，一般稱這樣的直線為數軸（Number Axis），則只用有理數並不能完全填滿數軸，有理數之間還存在很多「間隙」，如圖 3.3 所示。面對事實，數學家終於將無理數引入數字的大家庭，填滿了整條數軸。

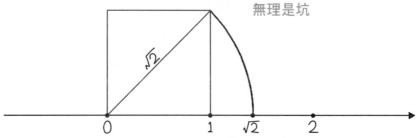

圖 3.3　有理數和無理數一起才能填滿整條數軸

　　「第二次數學危機」源自古希臘數學家芝諾（Zeno）提出的一系列關於運動不可分性的哲學悖論。芝諾的老師——古希臘哲學家巴門尼德（Parmenides）提出了著名的哲學觀點：存在是靜止的、不變的、永恆的，變化與運動只是幻覺。根據老師的哲學觀點，芝諾指出了兩個著名的悖論：「阿基里斯追烏龜悖論」與「飛矢不動悖論」。

　　阿基里斯（Achilles）是古希臘詩人荷馬的敘事史詩《伊里亞德》（Iliad）中參加特洛伊戰爭的半神英雄，希臘第一勇士。據說，阿基里斯一出生就被母親浸入了冥河水中，除了沒有沾到冥河水的腳踝之外，全身刀槍不入。古希臘神話中，阿基里斯也被認為是全世界跑得最快的人。

　　芝諾以阿基里斯為例，提出了一個看似荒謬的悖論：讓全世界跑得最快的阿基里斯和行動緩慢的烏龜進行賽跑。不過二者並不從同一個位置起跑，烏龜的起點要領先阿基里斯 1000 米。阿基里斯的獲勝條件是在有限的時間內追上烏龜。

　　從常理來看，只要阿基里斯的奔跑速度大於烏龜的爬行速度，他一定能在有限時間內追上並超過烏龜。然而在芝諾的解讀中，阿基里斯卻永遠追不上烏龜。假定阿基里斯的奔跑速度是烏龜的 10 倍。比賽開始後，當阿基里斯跑了 1000 米時，烏龜向前爬行了 100 米，此時烏龜領先阿基里斯 100 米；當阿基里斯又跑了 100 米時，烏龜繼續向前爬行了 10 米，此時烏龜領先阿基里斯 10 米；當阿基里斯又跑了 10 米時，烏龜仍然會領先阿基里斯 1 米。依據這個分析方式，阿基里斯的確能逐漸追上烏龜，但是他絕對不可能超過烏龜，如圖 3.4 所示。

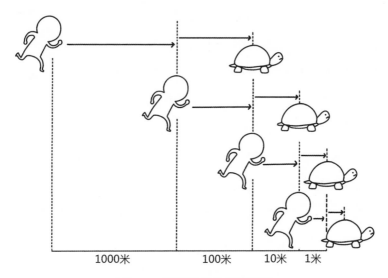

1000米　　　100米　　10米　1米

圖 3.4　阿基里斯追烏龜悖論

「飛矢不動悖論」與「阿基里斯追烏龜悖論」的原理類似。芝諾認為，一支箭是不可能移動的。因為箭在飛行過程中的任何瞬間都有其固定的位置，所以一支運動的箭可以看成一系列靜止箭的組合。那麼，運動的箭到底是運動的，還是不運動的呢？中國古代著名辯論家莊子在《莊子・天下篇》也提出過類似的說法——飛鳥之景，未嘗動也。

這一悖論的核心在於如何準確定義物體移動的速度。物理學中將物體移動的速度 v 定義為物體移動的距離 s 除以物體移動的時間 t，即：$v = \dfrac{s}{t}$ *。如果一支運動的箭在每一個瞬間都是靜止不動的，那麼這支箭在每一個瞬間的速度都應該是 0。但是，運動結束後這支箭確實移動了一段距離，其間速度不應該是 0。這就產生了矛盾。

---

* 更嚴謹地說，物體移動速度應該為向量，用 $\vec{v}$ 表示，其等於物體移動的位移向量 $\vec{d}$ 除以物體運動的時間 t。

　　最終解決這一矛盾的是英國數學家牛頓（Isaac Newton）和德國數學家萊布尼茲（Gottfried Wilhelm Leibniz）所提出的微積分（Calculus）。利用微積分中的微分（Differential），可以從數學角度計算物體移動的瞬時速度。牛頓和萊布尼茲認為，物體移動的速度應該由「一瞬間」物體移動的距離除以「一瞬間」物體移動的時間來定義。該怎樣理解這個抽象的「一瞬間」呢？假設給定一小段時間 Δt，這段時間內物體移動的距離為 Δs，則物體移動的速度「大致」為 $v = \dfrac{\Delta s}{\Delta t}$。令給定的一小段時間 Δt 無限趨近於 0，則物體移動的速度將逐漸「接近」於那一瞬間物體真實的移動速度，用公式表示為 $v = \lim\limits_{\Delta t \to 0} \dfrac{\Delta s}{\Delta t}$。這個公式略顯繁瑣，數學家引入特殊的符號對其進行了簡化，把上述公式表示為：$v = \dfrac{ds}{dt}$。

　　這種定義方式嚴謹且合理，問題是怎樣理解「無限趨近於 0」的數？「無限趨近於 0」的數與 0 之間的差距非常小，但又不嚴格等於 0。如果不能準確理解「無限趨近於 0」，就無法從數學角度理解微積分。這一抽象的「無限趨近」引發了「第二次數學危機」。

　　「第二次數學危機」最終由法國數學家柯西（Augustin-Louis Cauchy）解決。他重新建立了微積分的數學基礎：數學分析（Mathematical Analysis）。數學分析基於一套嚴格的數學語言——ϵ－語言，準確說明了什麼是極限（limit），從而嚴格定義了什麼是「無限趨近於 0」。ϵ－語言的理解涉及大學數學知識，感興趣的讀者可以閱讀相關教材，深入理解柯西所建立的這套嚴格的數學體系。

　　數學史上還存在過「第三次數學危機」。第三次數學危機與整數、加、減、乘、除的定義無關。這個危機源於德國數學家康托爾（Georg Cantor）所創立的集合論（Set Theory）。集合論雖在問世之初曾短暫地

遭到抨擊，但不久後便得到數學家的廣泛認可。他們認為，基於自然數和康托爾的集合論可以建立起完整的數學大廈。在 1900 年的第二屆國際數學家大會上，法國數學家龐加萊（Henri Poincaré）興高采烈地宣稱：

（隨著集合論的出現）現在我們可以說，完全的嚴格性已經達到了！

集合論成為現代數學的基石。

然而，隨著數學研究的不斷深入，數學家發現集合論中存在著漏洞。有關這個漏洞最著名的描述就是英國哲學家羅素所提出的「羅素悖論」，也稱「理髮師悖論」。其內容是：小鎮上有一位手藝精湛的理髮師，他宣稱只給「小鎮上不給自己刮臉的人」刮臉。那麼，這位理髮師應不應該給自己刮臉呢？如果他不給自己刮臉，那麼他就屬於「小鎮上不給自己刮臉的人」，因此他就應該給自己刮臉；反之，如果這位理髮師給自己刮臉，由於他只給「小鎮上不給自己刮臉的人」刮臉，因此他就不應該給自己刮臉。這樣一來，理髮師既應該給自己刮臉，又不應該給自己刮臉，形成了矛盾。

「羅素悖論」僅涉及集合論中最基礎的問題——集合的定義和從屬關係的判斷。作為數學大廈基石的集合論，不應該存在這樣無法解決的矛盾。因此，「羅素悖論」導致了「第三次數學危機」。最終，數學家透過「集合結構公理化」解決了「第三次數學危機」。集合結構公理化的內容已經超出了本書的範圍，這裡就不多做介紹了。

3.1.3　質數的定義

　　在除法中引入「餘數」和引入「分數」開拓了不同的數學路線。我們一般都會跟從數學課本走上「分數」這條路：國小教小數，國中教無理數、實數，到了大學教實數完備性定理。相信一提到「高等數學」四個字，很多讀者都會聞之色變。本節我們就來走「餘數」這條路，看看會發生什麼。

　　回到整數的除法問題上。如果整數 b 除以整數 a（非 0）後還能得到一個整數 c，就稱 a 整除（Exact Division）b，並且稱 a 是 b 的一個因數（Factor），b 是 a 的倍數（Multiple）。例如，$12 \div 3 = 4$，4 是一個整數，因此稱 3 整除 12，3 是 12 的因數，12 是 3 的倍數。

　　有了整除和因數的概念後，就可以引入質數（Prime）的概念了。大於 1 的每一個正整數 a 都至少能被兩個正整數整除，一個數是 1，因為 $a \div 1 = a$，而 a 本身就是一個正整數；另一個數是 a 本身，因為 $a \div a = 1$，而 1 是一個正整數。如果一個大於 1 的正整數 a 只能被 1 和它自己整除，即 a 只有 1 和 a 這兩個正因數，則稱這個整數為質數；如果 a 除了 1 和 a 之外還有其他的正因數，則稱這個整數為合數。例如，7 是大於 1 的正整數，7 只有 1 和 7 兩個正因數，因此 7 是質數。9 是大於 1 的正整數，9 有三個正因數——1、3、9，因此 9 是合數。

3.1.4　哥德巴赫猜想

　　質數與合數的定義簡單而又直觀。但可不要小看它們，因為下面我們要基於質數與合數的定義來介紹一下數學史上最著名的、大家耳熟能詳的猜想——哥德巴赫猜想（Goldbach's Conjecture）。

　　1742 年 6 月 7 日，普魯士數學家哥德巴赫（Christian Goldbach）給瑞士數學家歐拉（Leonhard Paul Euler）寫了一封信，信中提出了以下猜想：任意一個大於 5 的整數都可以寫成三個質數的和。哥德巴赫信件手稿的影印本記錄了這一信件，如圖 3.5 所示。

— 127 —

Ich halte es nicht für undienlich, dass man auch diejenigen propositiones anmerke, welche sehr probabiles sind, ohngeachtet es an einer wirklichen Demonstration fehlet, denn wenn sie auch nachmals falsch befunden werden, so können sie doch zu Entdeckung einer neuen Wahrheit Gelegenheit geben. Des Fermatii Einfall, dass jeder numerus $2^{2^{n-1}} + 1$ eine seriem numerorum primorum gebe, kann zwar, wie Ew. bereits gezeiget haben, nicht bestehen; es wäre aber schon was Sonderliches, wenn diese series lauter numeros unico modo in duo quadrata divisibiles gäbe. Auf solche Weise will ich auch eine conjecture hazardiren: dass jede Zahl, welche aus zweyen numeris primis zusammengesetzt ist, ein aggregatum so vieler numerorum primorum sey, als man will (die unitatem mit dazu gerechnet), bis auf die congeriem omnium unitatum *); zum Exempel

$$4 = \begin{cases} 1+3 \\ 1+1+2 \\ 1+1+1+1 \end{cases} \qquad 5 = \begin{cases} 2+3 \\ 1+1+3 \\ 1+1+1+2 \\ 1+1+1+1+1 \end{cases}$$

$$6 = \begin{cases} 1+5 \\ 1+2+3 \\ 1+1+1+3 \\ 1+1+1+1+2 \\ 1+1+1+1+1+1 \end{cases} \quad \text{etc.}$$

*) Nachdem ich dieses wieder durchgelesen, finde ich, dass sich die conjecture in summo rigore demonstriren lässet in casu $n+1$, si successerit in casu n, et $n+1$ dividi possit in duos numeros primos. Die Demonstration ist sehr leicht. Es scheinet wenigstens, dass eine jede Zahl, die grösser ist als 1, ein aggregatum trium numerorum primorum sey.　　　　　G

圖 3.5　哥德巴赫信件手稿影印本第 127 頁描述了哥德巴赫猜想

　　三週之後，歐拉在 6 月 30 日回信給哥德巴赫，註明此猜想有另一個等價的論述：任意一個大於 2 的偶數都可以寫成兩個質數的和。同時，歐拉還指出：

　　然而，任意數都可以由兩個質數組成，我非常確信這是一個定理，儘管我無法證明＊。

　　如今人們常說的哥德巴赫猜想是歐拉所提出的等價論述形式，也稱為「強哥德巴赫猜想」，還有對應的「弱哥德巴赫猜想」：任意一個大於 5 的奇數都可以寫成三個質數的和。數學家已經證明，如果強哥德巴赫猜想成立，則弱哥德巴赫猜想也成立。

　　哥德巴赫猜想的論述是如此之簡單，以至於只要了解整數、質數、合數以及加法的概念，就可以理解哥德巴赫猜想的全部內容了。然而，哥德巴赫猜想的證明卻是如此困難。至今為止，強哥德巴赫猜想依然沒有得到完全證明，也沒有人能提出任何反例將它駁倒。弱哥德巴赫猜想的證明已經取得了突破性進展，2013 年，數學家已完成了弱哥德巴赫猜想的證明。

　　1742 年時哥德巴赫與歐拉正式提出哥德巴赫猜想，其後將近 180 年這一猜想的證明沒有取得任何實質性進展。1900 年，德國數學家希爾伯特（David Hilbert）在第二屆國際數學家大會上發表了題為「數學問題」

＊ 回信的原文為古德文：Dass aber ein jeder numerous par eine summa duorum primorum sey, halte ich für ein ganz gewisses theorem, ungeachtet ich dasselbe nicht demonstriren kann. 在此感謝德國的朋友金歌的翻譯。

（Mathematical Problems）的演講，並提出了 23 個當時最重要的數學問題。其中，第八個問題就涉及哥德巴赫猜想和與它相似的孿生質數猜想（Twin Prime Conjecture）。截至目前，23 個問題中有 19 個問題都得到了解決或者部分解決。可惜，有關哥德巴赫猜想的問題並不在已解決的 19 個問題當中。關於孿生質數猜想，稍後會進行詳細介紹。

19 世紀至 20 世紀初，歐洲數學家在數學研究方面取得了輝煌的成就，同時也為哥德巴赫猜想證明的突破提供了堅實的數學基礎。數學研究一般都是由易到難，首先證明一個相對簡單、甚至條件有點苛刻的結果。隨後，藉由優化證明中的技巧，或者在證明中加入新的技巧，逐漸接近最終的目標。有關哥德巴赫猜想證明的研究也是遵循類似的方法。

1920 年左右，英國數學家哈代（G.H. Hardy）和利特伍德（John E. Littlewood）大幅發展了解析數論（Analytic Number Theory），建立起圓法（Circle Method）工具。他們用圓法證明了：如果廣義黎曼猜想（Generalized Riemann Hypothesis）成立，則每個「充分大」的奇數都可以表示為三個質數的和；「幾乎」每一個「充分大」的偶數都可以表示成兩個質數的和。哈代和利特伍德是依賴另一個尚未被證明的數學猜想來證明哥德巴赫猜想。雖然他們二人的成果與完全證明哥德巴赫猜想之間還有很大的距離，但毋庸置疑，他們的工作讓數學家在證明哥德巴赫猜想的路上邁進了一大步。1997 年，法國數學家戴舍爾（J. -M. Deshouillers）、艾芬格（G. Effinger）、特里爾（H. te Riele）和季諾維也夫（D. Zinoviev）證明，如果廣義黎曼猜想成立，則弱哥德巴赫猜想完全成立。季諾維也夫證明，如果廣義黎曼猜想成立，則奇數都可以表示為最多五個質數的和。2012 年，數學家陶哲軒在無須廣義黎曼猜想的

條件下證明了奇數都可以表示為最多五個質數的和。

　　另一方面，在哈代和利特伍德建立圓法工具的前一年，也就是 1919 年，挪威數學家布朗（Viggo Brun）推廣了西元前 250 年就出現在古希臘的篩法（Sieve Method），並利用推廣後的篩法證明了：所有「充分大」的偶數都能表示成兩個數之和，並且這兩個數的質因數個數都不超過 9 個。也就是說，所有「充分大」的偶數確實可以表示成兩個數之和，但這兩個數是合數，且這兩個合數所包含的質因數個數小於或等於 9 個。因此，布朗所證明的問題一般被稱為「9 ＋ 9」問題，即「偶數等於最多包含 9 個質因數的合數加上最多包含 9 個質因數的合數」，哥德巴赫猜想就是「1 ＋ 1」問題，即「偶數等於 1 個質數加 1 個質數」。

　　圓法和篩法為弱哥德巴赫猜想的證明提供了巨大的幫助。1937 年，蘇聯數學家維諾格拉多夫（Ivan Vinogradov）指出，「充分大」的奇數可以表示為三個質數的和。這一定理被稱為維諾格拉多夫定理（Vinogradov's Theorem）。維諾格拉多夫的學生博羅茲金（K. Borozdkin）在 1939 年確定了這個「充分大」的下限是 $3^{14348907}$。數學家之後只需要驗證小於 $3^{14348907}$ 的奇數都可以表示為三個質數的和，結合維諾格拉多夫定理，就可以完全證明弱哥德巴赫猜想了。

　　數學家似乎看到了完全證明出弱哥德巴赫猜想的曙光。然而，博羅茲金給出的這個下限實在太大了，即使是用今天的超級電腦也無法一一驗證所有比這個下限小的奇數。2002 年，來自香港大學的數學家廖明哲與王天澤把這個下限降低到了 $e^{3100} \approx 2 \times 10^{1346}$。雖然這一新的下限數字還是超過了電腦的驗證範圍，但相較於之前的下限已經是非常小了。

　　2013 年 5 月 1 日，法國國家科學研究院和巴黎高等師範學院的研究

員賀歐夫各特（Harald Helfgott）線上發表了兩篇論文，宣布徹底證明了弱哥德巴赫猜想。賀歐夫各特綜合使用了圓法、篩法、指數和等方法，把維諾格拉多夫定理中的下限降低到了 10^{30}。同時，賀歐夫各特的同事普拉特（D. Platt）用電腦驗證了在 10^{30} 以下的所有奇數都符合猜想，從而徹底解決了弱哥德巴赫猜想。

　　圓法為弱哥德巴赫猜想的證明提供了強有力的幫助，但對於強哥德巴赫猜想的證明卻無能為力。前文曾提到，1919 年布朗用推廣後的篩法證明了「9 + 9」問題。此後，數學家便將證明強哥德巴赫猜想的希望寄託在布朗提出的方法上。數學家分別於 1924 年證明了「7 + 7」問題、於 1932 年證明了「6 + 6」和「1 + 6」問題、於 1938 年證明了「5 + 5」問題和「4 + 4」問題、於 1956 年證明了「3 + 4」問題和「3 + 3」問題、於 1957 年證明了「2 + 3」問題、於 1962 年證明了「1 + 5」問題、於 1956 年證明了「1 + 4」問題、於 1965 年證明了「1 + 3」問題，一步一步逼近強哥德巴赫猜想的「1 + 1」問題。

　　中國數學家陳景潤於 1973 年對篩法做出了重大改進。陳景潤提出了一種新的加權篩法，並證明了「1 + 2」問題，即「偶數等於 1 個質數加上最多包含 2 個質因數的合數」。無奈的是，陳景潤幾乎已經將篩法發揮到了極致，很難再進一步挖掘篩法從而證明「1 + 1」問題。強哥德巴赫猜想的證明要等待新的數學工具的誕生。

3.2 質數的性質

質數的魅力不僅體現在優美而神祕的哥德巴赫猜想上，其蘊含的特殊性質更是值得細細玩味。在中國，小學五年級學習質數時，老師可能會教以下口訣，幫助大家記憶 100 以內的質數表：

2、3、5、7 和 11，13、19 和 17，

23 來 29，31 來 37，

41、43 和 47，53、59、61，

67、71 和 73，79、83、89，再加一個 97。

不過，老師沒有要求同學背誦大於 100 的質數。這是為什麼呢？難道沒有大於 100 的質數嗎？顯然這個想法是錯的，經過簡單嘗試不難發現 101 就是質數。那麼質數是否有無限多個呢？可以負責任地說，是的，數學家在很久以前就已經證明了這一點。西元前 300 年至西元前 200 年間，古希臘數學家歐幾里德就在他著名的數學教科書《幾何原本》（*Stoicheia*）中證明了質數有無限多個。

下面我們用反證法來證明一下這個問題。假設「只有有限個質數 $p_1, p_2, \cdots, p_n$」。我們建構一個新的數 $Q=p_1 p_2 \cdots p_n+1$。則 Q 一定滿足下述兩個條件之一：（1）Q 是一個質數，但 Q 不等於任何一個 p_i。這就與假設「只有有限個質數 $p_1, p_2, \cdots, p_n$」矛盾，因為在 $p_1, p_2, \cdots, p_n$ 之外，至少還存在一個質數 $p_{n+1}=Q$；（2）Q 可以被寫為兩個或多個質數的乘

積形式，但是 Q 除以任意一個 p_i 的餘數都為 1，這意味著任意質數 p_i 都不是 Q 的質因數，所以在 p_1, p_2, ⋯, p_n 之外，至少還存在一個可以整除 Q 的質數 p_{n+1}。這也與假設「只有有限個質數 p_1, p_2, ⋯, p_n」矛盾。因此，質數有無窮多個。

質數還有哪些其他有趣的性質呢？大家別急，下面就來介紹一下：質數的分布、質數螺旋與孿生質數、質數的判定和最大公因數及其應用。

3.2.1　質數的分布

小學數學老師並沒有要求大家背誦大於 100 的質數，其中一個很重要的原因是：質數在整數中出現的位置是沒有任何規律的。18 世紀晚期，曾有一位數學家編制了一個巨大的質數表，試圖從中歸納出質數出現的規律，然而最後以失敗收場。

其實不用說質數分布的規律問題，就連「有多少個質數小於某一整數 x」這個看起來很簡單的問題，都困擾了人類將近 200 年。包括德國數學家高斯（Carl Friedrich Gauss）和法國數學家勒讓德（Adrien-Marie Legendre）在內的大數學家都曾提出過下述猜想，然而他們並沒有給出嚴謹的證明：

當 x 無限增大時，不超過 x 的質數個數與 $\dfrac{x}{\ln x}$ 的比值趨近於 1，其中 $\ln x$ 是 x 的自然對數。

這個猜想後來被稱為質數定理（Prime Number Theorem）。這個定理的簡單描述是：前 x 個正整數中大約有 $\dfrac{x}{\ln x}$ 個質數。在質數定理提出

了大約 200 年後，法國數學家阿達馬（Jacques Solomon Hadamard）和比利時數學家瓦列—普桑（C. Vallée-Poussin）才於 1896 年利用複變分析（Complex Analysis）首次證明了這一定理。雖然如今數學家已經找到了不應用複變分析證明質數定理的方法，但是所有已知的證明都非常複雜，遠非質數定理本身那樣清晰簡潔。

3.2.2 質數螺旋與學生質數

質數的分布真的毫無規律嗎？話不能說得太絕，至少數學家已經觀察到一些特殊現象，其背後可能隱藏著待發掘的規律。第一個可觀察到的現象是質數螺旋（Prime Spiral）。

1963 年，美籍波蘭裔數學家烏拉姆（Stanislaw Ulam）在聆聽一場無聊的報告時在紙上信手塗鴉。他從紙的中心開始，由內而外螺旋形地寫下各個正整數。隨後，他圈出了其中所有的質數，如圖 3.6 所示。令烏拉姆吃驚的是，這些被圈出的質數與整數方陣的對角線趨近於平行。烏拉姆進一步繪製了一個大小為 200×200 的質數方陣，如圖 3.7 所示。他發現，在質數方陣中可以清晰地觀察到水平線、垂直線、對角線似乎都包含更多的質數。同時，其他質數的分布似乎還滿足螺旋線的關係。

在知乎問題「極座標表示 5,000~50,000 之間的質數為什麼會形成一條斐波那契螺旋線？」中，知友 @ 王小龍使用 Matlab 軟體繪製了漂亮的質數螺旋線圖：

```
37-36-35-34-33-32-31          ③⑦-36-35-34-33-32-③①
38 17-16-15-14-13 30          38 ⑰-16-15-14-⑬ 30
39 18  5- 4- 3 12 29          39 18 ⑤- 4-③ 12 ㉙
40 19  6  1- 2 11 28          40 ⑲ 6  1-② ⑪ 28
41 20  7- 8- 9-10 27          ㊶ 20 ⑦- 8- 9-10 27
42 21-22-23-24-25-26          42 21-22-㉓-24-25-26
43-44-45-46-47-48-49...       ㊸-44-45-46-㊼-48-49...
```

圖 3.6　烏拉姆在紙上的信手塗鴉

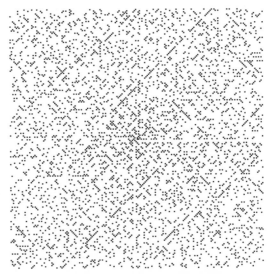

圖 3.7　大小為 200 × 200 的質數方陣

　　我們不看 500~50,000 間那麼多的質數了，看 500~1,500 之間的質數就夠了。把質數塗成藍色，把合數塗成紅色，就得到如圖 3.8 的圖像。

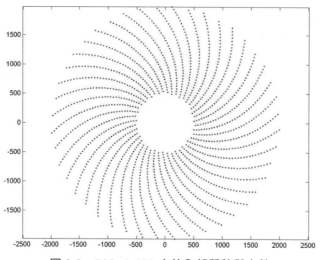

圖 3.8　500~1,500 中的全部質數與合數

　　發現了吧，大概 11 點鐘方向和 5 點鐘方向的確各有三列數全是合數。如果還是看不太清楚，把 500~20,000 內的質數和這三條全是合數的線畫出來，如圖 3.9 所示。

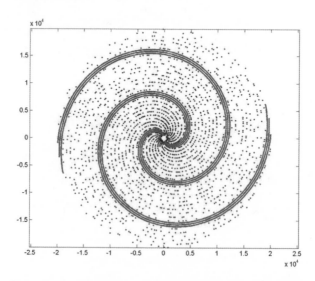

圖 3.9　500~20,000 中，所有合數所構成的 3 條螺旋線

如果把所有沒有質數的螺旋畫出來，應該如圖 3.10 所示。

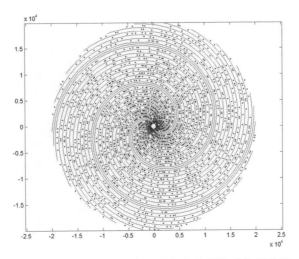

圖 3.10　500~20,000 中，所有合數所構成的螺旋線

從維基百科的質數頁面可連結到一個提供質數表的網站，下載了前 100 萬個質數。現在把區間〔1,006,721, 15,485,863〕，也就是 100 萬到 1,500 萬之間的質數畫出來，如圖 3.11 所示。

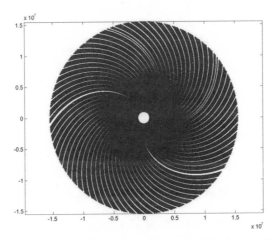

圖 3.11　1,006,721~15,485,863 中，所有質數所構成的螺旋線

把左邊部分放大一點看，如圖 3.12 所示。

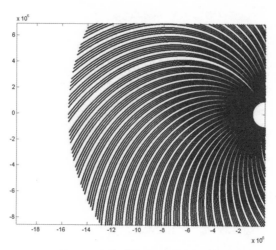

圖 3.12　1,006,721~15,485,863 中，所有質數所構成螺旋線的左上部分放大結果

　　第二個可以觀察到的現象就涉及孿生質數猜想了。前文曾介紹過，前 x 個正整數中大約有 $\dfrac{x}{\ln x}$ 個質數。這也就意味著，隨著 x 的不斷變大，質數的比例會越來越小，質數在整數間的分布會變得越來越稀疏。例如，當 $x = 1,000$ 時，$\ln x \approx 7$，即大約每 7 個整數就有 1 個質數；當 $x = 10,000$ 時，$\ln x \approx 9$，大約每 9 個整數中才有 1 個質數；當 $x = 100,000$ 時，$\ln x \approx 12$，大約每 12 個整數中才能找到 1 個質數。實際上，給定任意整數 $n > 1$，則連續 n 個整數 $(n + 1)! + 2$，$(n + 1)! + 3, \cdots, (n + 1)! + (n + 1)$ 都是合數，因為顯然這 n 個整數從前到後可以分別整除 $2, 3, \cdots, n + 1$。

　　那麼，一個很自然的問題是，是否質數越大，質數與質數之間就會隔得越遠呢？其實不然。很多情況下，兩個連續的質數之間只相差 2。

所謂孿生質數就是指相差為 2 的兩個質數。孿生質數用數學語言描述為：整數對 $(p, p + 2)$，其中 p 和 $p + 2$ 均為質數。列舉一下最小的 20 對孿生質數：$(3, 5)$、$(5, 7)$、$(11, 13)$、$(17, 19)$、$(29, 31)$、$(41, 43)$、$(59, 61)$、$(71, 73)$、$(101, 103)$、$(107, 109)$、$(137, 139)$、$(149, 151)$、$(179, 181)$、$(191, 193)$、$(197, 199)$、$(227, 229)$、$(239, 241)$、$(269, 271)$、$(281, 283)$、$(311, 313)$。 截至 2016 年 9 月，人類已知最大的孿生質數為：

$$(2{,}996{,}863{,}034{,}895 \times 2^{1290000} - 1, 2{,}996{,}863{,}034{,}895 \times 2^{1290000} + 1)$$

如果用十進位表示這一對孿生質數，則有 388,342 位數！

那麼，孿生質數是否也像質數本身一樣有無窮多個呢？希爾伯特在 1900 年第二屆國際數學家年會上的報告中正式提出了孿生質數猜想，並將之列入 23 個最重要的數學問題中：

存在無窮多個質數 p，使得 $p + 2$ 也是質數。

1849 年，法國數學家波利尼亞克（Alphonse de Polignac）提出了一個比上述猜想更一般化的猜想，稱為波利尼亞克猜想（Polignac's Conjecture）：

對所有自然數 k，存在無窮多個質數對 $(p, p + 2k)$。

當 $k = 1$ 時，波利尼亞克猜想與孿生質數猜想等價。

孿生質數猜想雖然不如哥德巴赫猜想那麼有名，但在數學界仍然是

一個公認的難題。幸運的是,學生質數猜想有望在近期得到解決。2013
年 5 月 14 日,據《自然》雜誌報導,中國數學家張益唐證明:存在無
窮多個質數對,使得質數對中前後兩個質數的差值小於 7,000 萬。他的
論文已被國際數學旗艦期刊《數學年刊》(*Annals of Mathematics*)於
2013 年 5 月 21 日接受,並於 2014 年正式發表。同期,數學家陶哲軒於
2013 年 6 月 4 日開始了一個名為「PolyMath」的計畫,邀請網上的志願
者協助合作,降低張益唐的論文中所給出的 7000 萬上限。截至 2016 年
7 月 14 日,上限已經從 7,000 萬降至 246。

3.2.3　質數的判定

　　質數的判定也是一個不小的麻煩。如果很容易判斷一個正整數是否
為質數,大概也就不用費力背誦質數表了,直接快速驗證給出的正整數
是否為質數即可。

　　那麼驗證一個正整數是否為質數到底有多麻煩呢?我們來試一試:
請判斷 339,061 是否為一個質數?一個很直觀的想法就是用 339,061 除
以小於它的各個正整數,嘗試找到一個因數。經過漫長而艱苦的人工計
算後,最終會發現 339,061 = 409 × 829,因此 339,061 是一個合數。判
斷某個正整數是否為質數的問題,至今為止仍然困擾著數學界。這一問
題在數學上被稱為質數檢驗(Primality Test)。

　　先來看看滿足特殊形式的正整數之質數判定方法。歐幾里德在《幾
何原本》中指出,有少數的質數可以寫成 $2^p\text{-}1$ 的形式,其中 p 也是一
個質數。為方便起見,將滿足 $2^p\text{-}1$ 形式,其中 p 為質數的正整數記為
M_p。人類為了驗證這類正整數 M_p 為質數可說是煞費苦心。古希臘數學

家驗證，$p = 2$、3、5、7 時，$2^p\text{-}1$ 是質數，即 M_2、M_3、M_5、M_7 是質數。由於 2、3、5、7 恰好是前四個質數，因此很長一段時間，人們都認為對於所有的質數 p，M_p 都是質數。1456 年，人類發現 M_{13} 是質數。然而，荷蘭數學家雷吉烏斯（H. Regius）於 1536 年指出，當 $p = 11$ 時，$2^{11} - 1 = 2047 = 23 \times 89$ 並不是質數，即 M_{11} 不是質數。這一結論當然就否定了「對於所有的質數 p，M_p 都是質數」的猜想。

　　歷史的車輪繼續向前。1588 年，義大利數學家卡達迪（P. Cataldi）認為，當 $p = 17$、19、23、29、31、37 時，M_p 是質數。然而，法國數學家費馬（Pierre de Fermat）和瑞士數學家歐拉分別指出，$p = 23$、29、31、37 時，M_p 不是質數。因此，卡達迪只發現了 M_{17}、M_{19} 這兩個質數。隨後，歐拉於 1772 年發現 M_{31} 是質數。

　　1644 年，法國傳教士梅森（Marin Mersenne）對於此類正整數進行了詳細的研究。他提出了這樣的猜測：當 $p = 2$、3、5、7、13、17、19、31、67、127、257 時，M_p 是質數；而對於其他小於 257 的質數 p，M_p 都不是質數。數學家花費了將近 300 年的時間研究梅森給出的這一系列質數，並發現梅森的推斷中存在一些問題。他們發現，當 $p = 67$、257 時，M_p 並不是質數，同時梅森還遺漏了一些其他滿足條件的質數。1883 年，俄羅斯數學家佩爾武辛（Ivan M. Pervushin）證明了 M_{61} 是質數。1911 年和 1914 年，美國數學家鮑爾斯（Ralph Powers）證明了 M_{89} 和 M_{107} 是質數。為紀念梅森對此類質數研究的突出貢獻，數學家將形如 $2^p\text{-}1$ 的質數稱為梅森質數（Mersenne Prime），並用梅森英文姓氏的首字母 M 來表示這類特別的質數。

　　梅森質數的挖掘史同時也是人類尋找最大質數的歷史。1876 年，法

國數學家盧卡斯（Édouard Lucas）證明了 M_{127} 是梅森質數。在這之後的 75 年間，M_{127} 一直是人類已知的最大質數。同年，盧卡斯總結了一種快速檢驗梅森質數的方法。1930 年代，美國數學家萊默（Derrick Henry Lehmer）改進了盧卡斯的梅森質數檢驗方法，提出了盧卡斯—萊默質數檢驗法（Lucas-Lehmer Primality Test）。電腦的發明大大提高了梅森質數檢驗的效率。得益於電腦強大的計算能力，人類應用盧卡斯—萊默質數檢驗法發現了更大的質數。1952 年，加州大學柏克萊分校的美國數學家羅賓遜（Raphael M. Robinson）在萊默的指導下編寫了電腦程式，利用位於洛杉磯加州大學的西部自動電腦（Standards Western Automatic Computer，SWAC）發現了梅森質數 M_{521} 和 M_{607}。

為了找到更大的梅森質數，畢業於麻省理工學院的沃爾特曼（George Woltman）於 1996 年發起了名為網際網路梅森質數大搜尋（Great Internet Mersenne Prime Search，GIMPS）的計畫。任何志願者都可以從網站上免費下載開放原始碼的兩個軟體來尋找梅森質數，這兩個軟體的名稱分別為「Prime95」和「MPrime」。GIMPS 計畫取得了巨大的成功。截至 2018 年 12 月，GIMPS 一共找到了 17 個梅森質數。目前已知最大的梅森質數是 2018 年 12 月 7 日發現的第 50 個梅森質數 $M_{82589933}$，這個數有 24,862,048 位。如果把這個數寫在一本書中，則總共需要寫大約 9,600 頁。

對於一般的正整數 x，檢測其是否為質數是一個相當困難的問題。最簡單的方法是試除法（Trial Division），即依次嘗試用 x 除以小於 x 的數，看看是否能夠整除。不難發現，除數嘗試到 $\sqrt{x}$ 就足夠了。然而，對於比較大的正整數 x，這一方法的計算量仍然過於龐大。因此，數學

家們也不斷在尋找其他能夠提高判定效率的方法。

1770 年，英格蘭數學家華林（E. Waring）與他的學生威爾遜（J. Wilson）提出了一個正整數質數檢驗的等價條件。數學家將這一結論稱為威爾遜定理（Wilson's Theorem）。遺憾的是，這對師生當時未能給出這一定理的證明。1773 年，法國籍義大利裔數學家拉格朗日（Joseph-Louis Lagrange）首次證明了威爾遜定理。利用威爾遜定理，可以略微提高正整數質數檢驗的效率。但是，基於威爾遜定理的質數檢驗過程中包含一次階乘運算，即計算 $x!$，因此這一判定方法的計算量仍然大得誇張。隨後，數學家又提出了多種正整數質數檢驗方法，包括前面提到的盧卡斯—萊默質數檢驗法、普洛茲判定法（Proth's Test）、波克林頓判定法（Pocklington's Test）等。但這些判定法都涉及複雜的運算。大整數的質數檢驗效率仍然太低。

上述方法可以 100% 判定某個正整數是否為質數，一般稱這類判定法為確定判定法（Deterministic Test）。既然確定判定法的效率太低，那麼能否改為判斷一個正整數為質數的可能性有多大呢？也就是說，找到某種方法對正整數進行測試，如果測試通過，則有比較大的機率斷定此正整數為質數。遵循這一思路的判定方法一般稱為機率判定法（Probabilistic Test）。事實證明，機率判定法雖然喪失了一部分準確性，但判定效率比確定判定法要高得多。最先發現的機率判定法直接利用了 1636 年費馬提出的費馬小定理，稱為費馬判定法（Fermat Primality Test）。

提到費馬，最廣為人知的就是費馬的「頁邊筆記」（Margin Note）：

我發現了一個美妙的證明，但是由於頁邊空白太小而沒有寫下來。

這個美妙的證明指的就是費馬猜想（Fermat's Conjecture）的證明。這麼簡單的一句話卻花費了數學家們超過 300 年的努力。為了證明費馬猜想，在橫跨三個世紀的證明過程中，數學家先後引入了代數幾何中的橢圓曲線（Elliptic Curve）和群論中的伽羅瓦理論（Galois Theory）。這兩個數學概念在現代密碼學中有著舉足輕重的地位。在數學家的不懈努力下，1994 年英國數學家懷爾斯（Andrew John Wiles）最終完成了費馬猜想的證明，使得費馬猜想升級為費馬大定理（Fermat's Last Theorem）。懷爾斯的費馬猜想證明過程最終發表在 1995 年的《數學年刊》上。《數學年刊》正是發表張益唐孿生質數猜想證明的期刊。懷爾斯的完整證明一共有 109 頁，也難怪 300 多年前費馬在「頁邊筆記」中寫不下證明過程。

為了進一步提高機率判定法的效率，美國數學家索洛韋（Robert M. Solovay）和德國數學家施特拉森（Volker Strassen）於 1977 年提出了索洛韋—施特拉森機率判定法（Solovay-Strassen Primality Test）。索洛韋—施特拉森機率判定法並沒有得到廣泛的應用，但它從思想上給予了數學家們很大的啟發。1976 年，卡內基梅隆大學的電腦系教授米勒（Gary Miller）提出了一個基於廣義黎曼猜想的質數機率判定法。然而，由於廣義黎曼猜想還沒有得到證明，因此米勒所提出的機率判定法暫時還無法使用。隨後，以色列耶路撒冷希伯來大學的羅賓（Michael Rabin）對米勒的機率判定法進行了修改，提出了不依賴廣義黎曼猜想的機率判定法。由於米勒和羅賓對此機率判定法都做出了很大的貢獻，這一判定法

被命名為米勒—羅賓質數判定法（Miller-Rabin Primality Test）。這是目前最常用的質數判定法。

3.2.4　最大公因數及其應用

了解了質數的概念後，我們可以進一步來介紹最大公因數（Greatest Common Divisor）這個概念。能整除兩個整數的整數稱為這兩個整數的公因數（Common Divisor）。例如，整數 1、2、3、4、6、12 都可以整除 24 和 36，因此整數 1、2、3、4、6、12 都是 24 和 36 的公因數。而最大公因數，顧名思義，就是公因數裡最大的那個數。例如，24 和 36 的所有公因數中最大的是 12，因此 12 是 24 和 36 的最大公因數。如果兩個整數的最大公因數是 1，就稱這兩個整數互質（Relatively Prime）。例如，17 和 22 的最大公因數是 1，因此 17 和 22 互質。

給定任意兩個整數 a 和 b，如何求 a 和 b 的最大公因數呢？最直觀的方法就是根據最大公因數的定義，尋找 a 和 b 的所有公因數，再取所有公因數中最大的那個。然而，用這種方法求解的效率實在太低了。歐幾里德在《幾何原本》中記載了一個快速求解最大公因數的方法——歐幾里德演算法（Euclidean Algorithm）＊。給定兩個正整數 a 和 b，其中 $a \geq b$，歐幾里德演算法的執行過程如下：

①令 $r_0 = a$，$r_1 = b$；
②計算 r_0 除以 r_1，得到商 q 和餘數 r_2，即有：$r_0 = r_1 \cdot q + r_2$；

＊　我們在這裡先碰到了「演算法」這個術語，4.1節會詳細介紹「演算法」的含義。

③令 $r_0 = r_1$，$r_1 = r_2$；

④如果 $r_1 = 0$，則最大公因數為 r_0；否則重複執行步驟②和步驟③。

上述步驟中涉及很多符號，不是很好了解。下面用一個具體的例子來說明歐幾里德演算法。假定我們要求的是 $a = 414$ 和 $b = 662$ 的最大公因數。上述步驟的執行過程如下：

1. 執行上述步驟的前提是 $a \geq b$，因此換一下 a 和 b 的位置，令 $a = 662$，$b = 414$；

2. 執行步驟①：$r_0 = a = 662$，$r_1 = b = 414$；

3. 執行步驟②：$r_0 = r_1 \cdot q + r_2$，而 $662 = 414 \times 1 + 248$，因此 $r_2 = 248$；

4. 執行步驟③：$r_0 = r_1 = 414$，$r_1 = r_2 = 248$；

5. 執行步驟④：$r_1 = 248 \neq 0$，重複執行步驟②和步驟③；

6. 執行步驟②：$r_0 = r_1 \cdot q + r_2$，而 $414 = 248 \times 1 + 166$，因此 $r_2 = 166$；

7. 執行步驟③：$r_0 = r_1 = 248$，$r_1 = r_2 = 166$；

8. 執行步驟④：$r_1 = 166 \neq 0$，重複執行步驟②和步驟③；

9. 執行步驟②：$r_0 = r_1 \cdot q + r_2$，而 $248 = 166 \times 1 + 82$，因此 $r_2 = 82$；

10. 執行步驟③：$r_0 = r_1 = 166$，$r_1 = r_2 = 82$；

11. 執行步驟④：$r_1 = 82 \neq 0$，重複執行步驟②和步驟③；

12. 執行步驟②：$r_0 = r_1 \cdot q + r_2$，而 $166 = 82 \times 2 + 2$，因此 $r_2 = 2$；

13. 執行步驟③：$r_0 = r_1 = 82$，$r_1 = r_2 = 2$；

14. 執行步驟④：$r_1 = 2 \neq 0$，重複執行步驟②和步驟③；

15. 執行步驟②：$r_0 = r_1 \cdot q + r_2$，而 $82 = 2 \times 41 + 0$，因此 $r_2 = 0$；

16. 執行步驟③：$r_0 = r_1 = 2$，$r_1 = r_2 = 0$；

17. 執行步驟④：$r_1 = 0$，則最大公因數為 $r_0 = 2$。

因此 $a = 414$ 和 $b = 662$ 的最大公因數為 2。

觀察歐幾里德演算法求解最大公因數的步驟，會發現歐幾里德法一直在交替執行除法：

$$662 \div 414 = 1 \cdots\cdots 248$$

$$414 \div 248 = 1 \cdots\cdots 166$$

$$248 \div 166 = 1 \cdots\cdots 82$$

$$166 \div 82 = 2 \cdots\cdots 2$$

$$82 \div 2 = 41 \cdots\cdots 0$$

故歐幾里德法又叫做輾轉相除演算法（Division Algorithm）。輾轉相除演算法的效率比「尋找 a 和 b 的所有公因數，再取所有公因數中的最大值」要好得多。

3.3 同餘算數及其性質

上一節中，我們一直在討論正整數 a 可以整除正整數 b 的情況。本節將討論如何處理正整數 a 不能整除正整數 b 的情況。前面曾提到兩種基本的處理方法：「引入分數」和「引入餘數」。下面我們就來看看「引入餘數」會有哪些有趣的性質。

3.3.1 同餘算數

餘數的概念隱藏在人們日常生活中的各個角落。例如，假設現在的時間是 21：00。如果每天以 24 小時計時，想知道從現在開始 50 個小時以後的時間，就會自然而然地這樣計算：21 小時加上 50 小時，除以 24 小時取餘數。上述過程用數學公式表示為：$21 + 50 = 24 \times 2 + 23$。因此，從 21：00 開始，50 小時以後是 23：00，商 2 表示時間過去了兩天。

如果 a 和 b 為整數，m 為正整數，如果 m 可以整除（$a - b$），就稱「a 模 m 同餘 b」，並把 m 稱為模數（Modulus）。同餘關係用數學公式表示為：$a \equiv b \,(mod\ m)$。仍然以時鐘為例，21 小時加上 50 小時等於 71 小時，再除以 24 小時，餘數為 23 小時。這也就代表 24 可以整除 $71 - 23 = 48$。因此，稱（$21 + 50$）模 24 同餘 23，用同餘關係的數學公式則表示為：$21 + 50 \equiv 23 \,(mod\ 24)$。可以看出，模數在同餘算術中具有很大的作用。

同餘關係與加、減、乘、除一樣，也是一種運算。當與加、減、乘、除運算組合起來時，只需要注意先乘除後加減這條性質即可。同餘運算

是否也能這麼輕鬆愉快地參與其中呢？答案好像並不直觀。不如我們先來挖掘一下隱藏在同餘運算背後的原理及規律，看看它和質數的性質又有什麼密切的聯繫。下面將分三種情況進行討論：模數為 2、模數為合數 N，和模數為質數 p。

3.3.2　模數為 2 的同餘算數：電腦的基礎

當模數為 2 時，能參與運算的就剩下 0 和 1 了，因為除了 0 和 1 外的其他整數都可以除以 2，而餘數為 0 或 1。這麼簡單的同餘算數，有什麼好討論的呢？既然模數為 2 時只剩下 0 和 1，乾脆在模數為 2 的條件下把所有 0 和 1 的加減乘除運算結果都列出來好了，如表 3.1 所示。

表 3.1　模數為 2 下的加、減、乘、除運算結果

	加法	減法	乘法	除法
0 與 0	$0 + 0 \equiv 0$ (mod 2)	$0 - 0 \equiv 0$ (mod 2)	$0 \times 0 \equiv 0$ (mod 2)	$0 \div 0 \equiv ?$ (mod 2)
0 與 1	$0 + 1 \equiv 1$ (mod 2)	$0 - 1 \equiv ?$ (mod 2)	$0 \times 1 \equiv 0$ (mod 2)	$0 \div 1 \equiv 0$ (mod 2)
1 與 0	$1 + 0 \equiv 1$ (mod 2)	$1 - 0 \equiv 1$ (mod 2)	$1 \times 0 \equiv 0$ (mod 2)	$1 \div 0 \equiv ?$ (mod 2)
1 與 1	$1 + 1 \equiv ?$ (mod 2)	$1 - 1 \equiv 0$ (mod 2)	$1 \times 1 \equiv 1$ (mod 2)	$1 \div 1 \equiv 1$ (mod 2)

從表 3.1 可以看出，模數為 2 的條件下會遇到以下幾個麻煩的問題：

・$1 + 1 \equiv ?$（mod 2）：如果不考慮同餘運算，1 + 1 應該等於 2。但這裡是模數為 2 的同餘運算，運算結果應該只能是 0 或 1，而加法運算結果超過 0 或 1 了，怎麼辦呢？既然同餘運算的定義是取餘數，也可

以把運算結果除以 2 之後取餘數。2 除以 2 的餘數為 0，因此有：1 ＋ 1 ≡ 0（*mod* 2）。

　　・0 － 1 ≡ ?（*mod* 2）：如果不考慮同餘運算，0 － 1 應該等於－ 1。但這裡是模數為 2 的同餘運算，似乎從沒聽說過餘數可以為負數，怎麼辦呢？回想對負數的另一種理解：負數是與某個正數相加後結果為 0 的數。可以把 0 － 1 表示為 0 ＋（－ 1），而所謂的－ 1 應該是與 1 相加後結果為 0 的數。在模數為 2 的同餘運算中，哪個數與 1 相加後的結果等於 0 呢？在解決第一個麻煩的問題時，已經得到 1 ＋ 1 ≡ 0（*mod* 2），即在模數為 2 的同餘運算中，1 與 1 相加後的結果等於 0。因此有：0 ＋（－ 1）≡ 0 ＋ 1 ≡ 1（*mod* 2）。

　　・0÷0 ≡ ?（*mod* 2）、1÷0 ≡ ?（*mod* 2）：如果不考慮同餘運算，任何數除以 0 都是無意義的。同樣，在同餘運算中任何數除以 0 也是無意義。

　　模數為 2 的同餘運算的內容就是這樣。它在實際中有什麼應用呢？答案想必會出乎大家的意料：模數 2 造就了電腦的誕生。

　　下面簡單介紹一下電腦的工作原理。劉慈欣在知名的硬科幻小說《三體》的第十七章「三體、牛頓、馮・諾伊曼、秦始皇、三日連珠」中曾介紹過電腦的工作原理。來看看馮・諾伊曼為秦始皇建構的第一個部件：

　　「我不知道你們的名字，」馮・諾伊曼拍拍前兩個士兵的肩，「你們兩個負責信號輸入，就叫『入 1』『入 2』吧。」他又指指最後一名士兵，

「你，負責信號輸出，就叫『出』吧，」他伸手撥動三名士兵，「這樣，站成一個三角形，出是頂端，入1和入2是底邊。」

「哼，你讓他們呈楔形攻擊隊形不就行了？」秦始皇輕蔑地看著馮·諾伊曼。牛頓不知從什麼地方掏出六面小旗。三白三黑，馮·諾伊曼接過來分給三名士兵，每人一白一黑，說：「白色代表0，黑色代表1。好，現在聽我說，出，你轉身看著入1和入2，如果他們都舉黑旗，你就舉黑旗，其他的情況你都舉白旗，這種情況有三種：入1白，入2黑；入1黑，入2白；入1、入2都是白。」

第1章介紹過，電腦只認識兩個數：「0」和「1」。馮·諾伊曼在給秦始皇講解電腦的工作原理時，將白旗看作「0」，黑旗看作「1」。從講解過程中可以觀察到，運算的「入」不同，運算的「出」也不同。可以用表3.2來描述馮·諾伊曼所建構的第一個運算關係。

表3.2　馮·諾伊曼所建構的第一個運算關係——與運算

「入1」	「入2」	「出」	運算關係
白旗（0）	白旗（0）	白旗（0）	$0 \times 0 \equiv 0\ (mod\ 2)$
白旗（0）	黑旗（1）	白旗（0）	$0 \times 1 \equiv 0\ (mod\ 2)$
黑旗（1）	白旗（0）	白旗（0）	$1 \times 0 \equiv 0\ (mod\ 2)$
黑旗（1）	黑旗（1）	黑旗（1）	$1 \times 1 \equiv 1\ (mod\ 2)$

和表3.1相比可以看出，馮·諾伊曼建構的第一個運算關係和模數為2的乘法運算有異曲同工之妙。馮·諾伊曼用士兵舉旗子的方式建構出了模數為2的乘法運算，而這一運算在電腦中對應著一個專有名詞：與（AND）運算。一般來說，數學家和電腦科學家會用乘法符號「·」

或符號「⊗」表示與運算 *。如果用 A 表示「入 1」、B 表示「入 2」、Y 表示「出」，則與運算可以表示為：Y = A ⊗ B。

　　既然與運算是模數為 2 的乘法同餘運算，那麼馮・諾伊曼建構的下一個運算關係會是模數為 2 的加法同餘運算嗎？繼續往下看：

　　馮・諾伊曼轉向排成三角陣的三名士兵：「我們建構下一個部件。你，出，只要看到入 1 和入 2 中有一個人舉黑旗，你就舉黑旗，這種情況有三種組合──黑黑、白黑、黑白，剩下的一種情況──白白，你就舉白旗。明白了嗎？好孩子，你真聰明，門部件的正確運行你是關鍵，好好幹，皇帝會獎賞你的！下面開始運行：舉！好，再舉！再舉！好極了，運行正常，陛下，這個門部件叫或門。」

　　馮・諾伊曼所建構的第二種運算關係稱為或（OR）運算，其全部運算結果可以用表 3.3 描述。

表 3.3　馮・諾伊曼所建構的第二個運算關係──或運算

「入 1」	「入 2」	「出」
白旗（0）	白旗（0）	白旗（0）
白旗（0）	黑旗（1）	黑旗（1）
黑旗（1）	白旗（0）	黑旗（1）
黑旗（1）	黑旗（1）	黑旗（1）

　　一般來說，數學家和電腦科學家直接用加法符號「＋」表示或運算。

---

* 為了體現與運算和模數為 2 乘法運算的關係，本節將使用符號「⊗」表示與運算。

或運算似乎和模 2 下的加法運算沒什麼關係。繼續往下看：

然後，馮・諾伊曼又用三名士兵建構了與非門、或非門、異或門、同或門和三態門，最後只用兩名士兵建構了最簡單的非門：出總是舉與入顏色相反的旗。

可以看到，馮・諾伊曼又建構出了多種運算關係，包括與非（NAND）、或非（NOR）、異或（XOR）、同或（XNOR）和三態（Tri-State）。先來考察異或運算。異或運算是指，如果兩個「入」所舉的旗子是同一個顏色，「出」就舉白旗；如果兩個「入」所舉的旗子不是同一個顏色，「出」就舉黑旗。異或運算的全部結果可以用表 3.4 描述。

表 3.4　馮・諾伊曼所建構的異或運算

「入 1」	「入 2」	「出」	運算關係
白旗（0）	白旗（0）	白旗（0）	$0 + 0 \equiv 0 \ (mod\ 2)$
白旗（0）	黑旗（1）	黑旗（1）	$0 + 1 \equiv 1 \ (mod\ 2)$
黑旗（1）	白旗（0）	黑旗（1）	$1 + 0 \equiv 1 \ (mod\ 2)$
黑旗（1）	黑旗（1）	白旗（0）	$1 + 1 \equiv 0 \ (mod\ 2)$

比較模數為 2 下加法運算的結果和「入 1」「入 2」「出」之間的關係，可以看出異或運算和模數為 2 下的加法運算是等價的。同樣由於存在這樣的對應關係，無論是數學家、電腦科學家還是相關人員，都已經約定俗成地用符號「$\oplus$」表示異或運算。同樣地，如果用 A 表示「入 1」、B 表示「入 2」、Y 表示「出」，則異或運算可以表示為：$Y = A \oplus B$。

在電腦中，還有一種非常基礎的運算，稱為非（NOT）運算。非運算只有一個「入」和一個「出」。非運算是指，「出」總是與「入」舉顏色相反的旗。也就是說：當「入」舉黑旗（1）時，「出」舉白旗（0）；當「入」舉白旗（0）時，「出」舉黑旗（1）。非運算的全部結果可以用表 3.5 描述。

表 3.5　非運算

「入」	「出」
白旗（0）	黑旗（1）
黑旗（1）	白旗（0）

有趣的是，如果把非運算看作「入 2」固定為 1 的異或運算，則完全可以用異或運算表示非運算，如表 3.6 所示。

表 3.6　非運算和異或運算之間的關係

「入 1」	「入 2」（固定為 1）	「出」	運算關係
白旗（0）	黑旗（1）	黑旗（1）	$0 + 1 \equiv 1 \ (mod \ 2)$
黑旗（1）	黑旗（1）	白旗（0）	$1 + 1 \equiv 0 \ (mod \ 2)$

一般來說，數學家和電腦科學家會在「入」的上方畫一橫槓，來表示非運算。如果用 X 表示「入」，Y 表示「出」，則非運算可以表示為：$Y = \overline{X}$。如果用異或運算來表示非運算，則有 $Y = \overline{X} = X \oplus 1$。

而電腦正是由這些簡單的運算構成的，正如馮・諾伊曼之後所說：

「不需要，我們組建一千萬個這樣的門部件，再將這些部件組合成

一個系統，這個系統就能進行我們所需要的運算，解出那些預測太陽運行的微分方程。這個系統，我們把它叫作……嗯，叫作……」

「電腦。」汪淼說。

人類透過模 2 這樣一個最為基本的同餘運算，便可以用數學方式描述電腦的計算原理了。反過來想一想，其實這也是十分合理的。數學中所涉及的基本運算就是加、減、乘、除，而電腦就是幫助人們快速實現加、減、乘、除的計算工具。因此，從數學的角度看，能實現模 2 條件下的加法運算和乘法運算，再利用數學性質將模 2 條件下的同餘運算擴展為人們熟知的十進位運算，就可以讓電腦完成計算任務了。

3.3.3 模數為 N 的同餘算數：奇妙的互質

再來看看當模數為合數 N 時會發生什麼事。當模數為 N 時，可以參與運算的數為所有小於 N 的正整數，即：$0, 1, 2, \cdots, N-1$，一共有 N 個正整數。模數為 N 的情況實際上特別複雜，這裡只考慮 N 為兩個質數乘積的形式，即 $N = p \times q$，其中 p 和 q 為不相等的質數。

接下來我們以 $N = 10 = 2 \times 5$ 舉例。各個數字除以 10 的餘數非常好計算：看結果的個位數即可。當模數為 $N = 10$ 時，情況會變成什麼樣子呢？

首先要解決減法和負數問題。模數為 N 時的解決方法和模數為 2 時的解決方法類似。對於小於 N 的任意正整數 a，哪個正整數與 a 相加的結果等於 0 呢？結果很簡單，$N-a$。顯然 $0 < N-a < N$，且 $a + (N-a) \equiv a + N - a \equiv N \equiv 0 \pmod{N}$。這樣一來，就成功解決了模

數為 N 時的減法和負數問題。例如，$N = 10$ 時，小於 10 的正整數所對應的負數如表 3.7 所示。

表 3.7　模數為 10 時，小於 10 的正整數所對應的負數

a	0	1	2	3	4	5	6	7	8	9
$-a$	0	9	8	7	6	5	4	3	2	1

　　接下來要解決除法和倒數的問題。對於正整數 0 來說情況很簡單：任何正整數乘以 0 仍然等於 0；0 除以任何正整數仍然等於 0；任何正整數除以 0 都沒有意義。但對於小於 N 又不是 0 的正整數來說，問題就變得有點複雜了。根據除法和倒數的定義，需要找到小於 N 的正整數 a 所對應的倒數 a^{-1}，使得 a 與 a^{-1} 相乘的結果在模 N 的條件下等於 1，即 $a \times a^{-1} \equiv 1 \ (mod \ N)$。

　　然而，尋找 a^{-1} 的過程並不輕鬆。對於有些正整數 a，是可以找到 a^{-1} 的。例如，當 $N = 10$ 時，對於 $a = 3$，有 $3 \times 7 \equiv 21 \equiv 1$（$mod \ 10$），因此 $a^{-1} \equiv 7$（$mod \ 10$）。但是對於有些正整數 a，卻找不到 a^{-1}。例如，當 $N = 10$ 時，對於 $a = 2$，如果嘗試所有的可能，得到的結果是：$2 \times 1 \equiv 2$（$mod \ 10$），$2 \times 2 \equiv 4$（$mod \ 10$），$2 \times 3 \equiv 6$（$mod \ 10$），$2 \times 4 \equiv 8$（$mod \ 10$），$2 \times 5 \equiv 0$（$mod \ 10$），$2 \times 6 \equiv 2$（$mod \ 10$），$2 \times 7 \equiv 4$（$mod \ 10$），$2 \times 8 \equiv 6$（$mod \ 10$），$2 \times 9 \equiv 8$（$mod \ 10$），找不到一個 a^{-1}，使之與 $a = 2$ 在模 10 下的相乘結果等於 1。這怎麼辦？

　　乾脆把所有能找到 a^{-1} 的正整數 a 都列出來，看看有沒有什麼規律可循。當 $N = 10$ 時，a^{-1} 的搜尋結果如表 3.8 所示。

表 3.8　模數為 10 時，小於 10 的正整數所對應的倒數搜尋結果

a	1	2	3	4	5	6	7	8	9
a^{-1}	1		7				3		9

　　有什麼規律嗎？首先可以觀察到：所有偶數都找不到對應的倒數。其次，5 也找不到對應的倒數。再仔細觀察就會得到一個神奇的結論：能找到倒數的正整數 1、3、7、9 和模數 10 的最大公因數均為 1，也就是 1、3、7、9 都與 10 互質。而不能找到倒數的正整數 2、4、5、6、8 和模數 10 的最大公因數都不為 1，也就是 2、4、5、6、8 都不與 10 互質。

　　為什麼會出現這麼神奇的規律呢？這個規律和最大公因數的一個重要性質有關，那就是：如果兩個整數 a 和 b 的最大公因數為 c，則一定存在整數 s 和 t，使得 $c = s \cdot a + t \cdot b$。

　　這個性質的證明比較複雜，在此不詳述。我們接著說明，如何利用 3.2.4 節的歐幾里德演算法來快速求得滿足上述性質的整數 s 和 t。從 3.2.4 節的實例我們已經得知，$a = 414$ 和 $b = 662$ 的最大公因數為 $c = 2$。那麼，該如何求得整數 s 和 t，使得 $2 = 414s + 662t$ 呢？歐幾里德演算法實際上執行了下列除法運算：

$$662 \div 414 = 1 \cdots\cdots 248 \ ①$$

$$414 \div 248 = 1 \cdots\cdots 166 \ ②$$

$$248 \div 166 = 1 \cdots\cdots 82 \quad ③$$

$$166 \div 82 = 2 \cdots\cdots 2 \quad\quad ④$$

$$82 \div 2 = 41 \cdots\cdots 0 \quad\quad ⑤$$

．由第④個除法，可以用 166 和 82 表示最大公因數 2。2 = 166×1 − 82×2。

．由第③個除法，可以得到：82 = 248 − 166×1，將這個關係代入上式，可以進一步用 248 和 166 表示最大公因數 2。2 = 166 − 82×2 = 166 −（248 − 166×1）×2 = − 248×2 + 166×3。

．由第②個除法，可以得到：166 = 414 − 248×1，將這個關係代入上式，可以進一步用 414 和 248 表示最大公因數 2。2 = − 248×2 + 166×3 = − 248×2 +（414 − 248×1）×3 = 414×3 − 248×5。

．由第①個除法，可以得到：248 = 662 − 414×1，將這個關係代入上式，最終得到用 a = 414 和 b = 662 表示最大公因數 2 的方法：2 = 414×3 − 248×5 = 414×3 −（662 − 414×1）×5 = 414×8 − 662×5。

與 2 = 414s + 662t 對照，最終得到：s = 8，t = − 5。

可以利用這個性質來推導模數為合數 N 時的倒數求解問題。當某個小於 N 的正整數 a 與 N 互質時，最大公因數 c = 1。根據最大公因數的上述性質，可知一定存在兩個整數 s 和 t，使得：

$$1 = s \cdot a + t \cdot N$$

現在要考慮的是模數為 N 的情況，對上述等式的兩邊同時取模，得到：

$$s \cdot a + t \cdot N \equiv 1 \ (mod \ N)$$

注意模 N 實際上是在求某個正整數除以 N 之後的餘數，而 $t \cdot N$ 除以 N 的餘數一定等於 0，因此上述等式可以簡化為：

$$s \cdot a \equiv 1 \ (mod \ N)$$

大家一定還記得前文中提過的倒數的定義：找一個正整數 a^{-1}，使得 $a \times a^{-1} \equiv 1 \ (mod \ N)$。對比上述等式，咦？需要求解的 a^{-1} 不就是 s 嗎！反之，如果 a 與 N 不互質，則無法找到兩個整數 s 和 t，使得 $s \cdot a + t \cdot N = 1$，也就無法找到一個整數 s，滿足 $s \cdot a \equiv 1$（$mod \ N$）了。總之，根據最大公因數的特性，可以推導出如下結論：對於任意正整數 $a < N$，只有當 a 與 N 互質時，才能在模 N 下找到 a^{-1}。同時，可以應用歐幾里德演算法，快速找到模 N 下的 a^{-1}。

下面來看一個有趣的問題：在小於 N 的所有正整數中，與 N 互質的正整數有多少個？當 $N = 10$ 時，一共有 1、3、7、9 這四個正整數滿足條件。實際上，當 $N = p \times q$，其中 p 和 q 為質數時，滿足條件的正整數共有（$p - 1$）×（$q - 1$）個。仍然以 $N = 10$ 為例，由於 $10 = 2 \times 5$，2 和 5 都為質數，因此滿足條件的正整數應該有（$2 - 1$）×（$5 - 1$）= 4 個，和驗證得到的結果是一致的。如果 N 有更多的質因數，計算過程會變得稍微複雜一些。一般把滿足小於 N，且與 N 互質的數的數量用一個函數 $\varphi(N)$ 來表示。這個函數叫作歐拉函數（Euler Function）。沒錯，這個歐拉就是給哥德巴赫寫回信的那個歐拉。

與模數 N 互質的正整數 a 都能找到 a^{-1}，那麼這些正整數是不是還有什麼其他有趣的性質呢？第一個性質是，存在倒數的正整數在模數為 N 下互相之間進行乘法運算，則運算結果仍然存在倒數。一般來說，如果

一些數相互之間進行運算後，結果沒有超出這些數的範圍，則稱這些數在此運算下具有封閉性（Closure）。列舉一下模數為 $N = 10$ 的情況。與 $N = 10$ 互質的正整數為 1、3、7、9。它們互相之間的乘法運算結果如表 3.9 所示。

表 3.9　模數為 10 時，1、3、7、9 的乘法運算結果

	1	3	7	9
1	$1 \times 1 \equiv 1$ $(mod\ 10)$	$1 \times 3 \equiv 3$ $(mod\ 10)$	$1 \times 7 \equiv 7$ $(mod\ 10)$	$1 \times 9 \equiv 9$ $(mod\ 10)$
3	$3 \times 1 \equiv 3$ $(mod\ 10)$	$3 \times 3 \equiv 9$ $(mod\ 10)$	$3 \times 7 \equiv 1$ $(mod\ 10)$	$3 \times 9 \equiv 7$ $(mod\ 10)$
7	$7 \times 1 \equiv 7$ $(mod\ 10)$	$7 \times 3 \equiv 1$ $(mod\ 10)$	$7 \times 7 \equiv 9$ $(mod\ 10)$	$7 \times 9 \equiv 3$ $(mod\ 10)$
9	$9 \times 1 \equiv 9$ $(mod\ 10)$	$9 \times 3 \equiv 7$ $(mod\ 10)$	$9 \times 7 \equiv 3$ $(mod\ 10)$	$9 \times 9 \equiv 1$ $(mod\ 10)$

　　從結果可以看出，對於模 10 條件下存在倒數的 1、3、7、9，它們互相之間進行乘法運算，結果仍然在 1、3、7、9 之中。

　　如果對 1、3、7、9 求冪，便會發現第二個更有趣的性質。試試在模 $N = 10$ 的條件下，計算這些正整數的冪，結果如表 3.10 所示。

表 3.10　模數為 10 時，1、3、7、9 的冪運算結果

a	1	3	7	9
a^0	$1^0 \equiv 1\ (mod\ 10)$	$3^0 \equiv 1\ (mod\ 10)$	$7^0 \equiv 1\ (mod\ 10)$	$9^0 \equiv 1\ (mod\ 10)$
a^1	$1^1 \equiv 1\ (mod\ 10)$	$3^1 \equiv 3\ (mod\ 10)$	$7^1 \equiv 7\ (mod\ 10)$	$9^1 \equiv 9\ (mod\ 10)$
a^2	$1^2 \equiv 1\ (mod\ 10)$	$3^2 \equiv 9\ (mod\ 10)$	$7^2 \equiv 9\ (mod\ 10)$	$9^2 \equiv 1\ (mod\ 10)$
a^3	$1^3 \equiv 1\ (mod\ 10)$	$3^3 \equiv 7\ (mod\ 10)$	$7^3 \equiv 3\ (mod\ 10)$	$9^3 \equiv 9\ (mod\ 10)$
a^4	$1^4 \equiv 1\ (mod\ 10)$	$3^4 \equiv 1\ (mod\ 10)$	$7^4 \equiv 1\ (mod\ 10)$	$9^4 \equiv 1\ (mod\ 10)$

首先可以觀察到一個直觀的現象：對於 $a = 1$、3、7、9，都有 a^4 $\equiv 1$（$mod\ 10$）。4 這個數怎麼這麼眼熟呢？對了，4 就是存在倒數的正整數的個數呀！事實上，在模 N 條件下，對所有存在倒數的數求 $\varphi(N)$ 的冪，結果都為 1。

更有意思的是，對於 3 和 7 來說，雖然得到的順序不太一樣，但是 a^0、a^1、a^2、a^3 的結果分別對應 1、3、7、9 中的一個，到 a^4 又循環回到 1。模 N 條件下，在存在倒數的正整數中一定能找到一個正整數 g，使得 $g^0, g^1, \cdots, g^{\varphi(n)-1}$ 分別對應所有存在倒數的正整數中的某一個。乍看起來，g 好像把所有這些數都「生成」了一遍。因此，數學上把滿足這種條件的正整數稱為生成元（Generator）。

利用生成元的這個性質很容易可以證明封閉性。並且由於模 N 條件下，在存在倒數的正整數中一定能找到一個生成元 g，因此可以用 $g^0, g^1, \cdots, g^{\varphi(n)-1}$ 表示所有存在倒數的正整數。例如，在模數為 $N = 10$ 的條件下，3 是一個生成元，可以依次把 1、3、7、9 表示為 3^0、3^1、3^3、3^2。對任意兩個存在倒數的正整數執行乘法運算，相當於首先把這兩個數表示為 g^i、g^j，再執行乘法運算，結果為 $g^i \cdot g^j = g^{(i+j)}$。根據生成元的性質，$g^{(i+j)}$ 也一定是某個存在倒數的正整數。綜上所述，可以利用生成元的性質得出如下結論：存在倒數的正整數在模數為 N 的條件下互相之間執行乘法運算，運算結果仍然是存在倒數的正整數。

3.3.4 模數為 p 的同餘算數：單純許多

模數為合數 N 下的同餘算數之所以比較複雜，核心問題在於小於 N 的正整數中，僅有一部分正整數與 N 互質，而只有這些正整數具有一些

有趣的性質。由於質數 p 與所有小於 p 的正整數都互質，如果把模數設置為質數 p，是不是就能將那些有趣的性質推廣到所有小於 p 的正整數身上呢？當模數為質數 p 時，可以參與運算的正整數為 $1, 2, \cdots, p - 1$，再加上 0，一共有 p 個。我們下面用與 $N = 10$ 最近的質數 $p = 11$ 來說明相關的性質。

　　仍然要分別處理減法和負數、除法和倒數的問題。先來看看減法和負數的問題。模數為質數 p 的條件下，對於小於 p 的正整數 a，哪個正整數與 a 相加的結果等於 0 呢？同樣是 $p - a$。例如，$p = 11$ 時，每個小於 11 的正整數所對應的負數如表 3.11 所示。

表 3.11　模數為 11 時，每個小於 11 的正整數所對應的負數

a	0	1	2	3	4	5	6	7	8	9	10
$-a$	0	10	9	8	7	6	5	4	3	2	1

　　再來看看除法和倒數的問題。由於所有小於 p 的整數都與 p 互質，因此對於所有小於 p 的正整數 a，都能找到與 a 對應的 a^{-1} 了。模數為質數 p 時的歐拉函數也非常簡單：$\varphi(p) = p - 1$。例如，$p = 11$ 時，a^{-1} 的結果如表 3.12 所示。

表 3.12　模數為 11 時，每個小於 11 的正整數所對應的倒數

a	1	2	3	4	5	6	7	8	9	10
a^{-1}	1	6	4	3	9	2	8	7	5	10

　　模數為質數 p 時依然可以找到生成元。例如，模數為質數 $p = 11$ 時，各正整數求冪的結果如表 3.13 所示。

表 3.13　模數為 11 時，每個小於 11 的正整數的冪運算結果

a	1	2	3	4	5	6	7	8	9	10
a^0	1	1	1	1	1	1	1	1	1	1
a^1	1	2	3	4	5	6	7	8	9	10
a^2	1	4	9	5	3	3	5	9	4	1
a^3	1	8	5	9	4	7	2	6	3	10
a^4	1	5	4	3	9	9	3	4	5	1
a^5	1	10	1	1	1	10	10	10	1	10
a^6	1	9	3	4	5	5	4	3	9	1
a^7	1	7	9	5	3	8	6	2	4	10
a^8	1	3	5	9	4	4	9	5	3	1
a^9	1	6	4	3	9	2	8	7	5	10
a^{10}	1	1	1	1	1	1	1	1	1	1

　　從計算結果可以看出，2、6、7、8 的冪運算結果可以把所有小於 11 的正整數都「生成」一遍。因此，2、6、7、8 都是模數為質數 $p = 11$ 下的生成元。

3.3.5　看似簡單卻如此困難：整數分解問題與離散對數問題

　　模數和同餘運算的引入比較自然，其各種性質也不難理解。既然如此，為何很多人都說數論很難呢？下面就來看看與質數相關的兩個非常重要的困難問題：整數分解問題（Integer Factorization Problem）與離散對數問題（Discrete Logarithm Problem）。

　　數學家很早就意識到，質數是建構正整數的積木。一方面，如果哥德巴赫猜想成立，那麼所有大於 2 的偶數都可以表示為兩個質數的和；所有大於 5 的奇數都可以表示為三個質數的和。另一方面，還可以透過另一種方法用質數來表示正整數。這個方法描述起來似乎有點麻

煩，但是證明比較簡單，它叫作算術基本定理（Fundamental Theorem of Arithmetic）：每個大於 1 的正整數，其或為質數，或可唯一地寫成兩個或多個質數的乘積。

很容易理解這個定理，簡單來說就是：每個正整數都可以分解成質因數相乘的形式。來看幾個例子：

‧100 是一個合數，可以寫為：$100=2\times2\times5\times5=2^2\times5^2$；

‧999 是一個合數，可以寫為：$999=3\times3\times3\times37=3^3\times37$；

‧1024 是一個合數，可以寫為：$1024=2\times2\times2\times2\times2\times2\times2\times2\times2\times2=2^{10}$。

算術基本定理說，合數可以寫成兩個或多個質數的乘積形式。但是，該定理沒有具體說明，如何把合數分解為質數的乘積。對於比較小的合數，可以嘗試用合數除以各個正整數，觀察是否能夠整除來找到全部的質因數。然而，如果合數太大，這種方法的效率就會變得非常低。這個問題就是一直困擾著數學家的難題——整數分解問題。

由於一直以來數學家都沒能挖掘到任何整數分解問題在實際生活中的應用，所以他們也沒有充足的動力去解決這一問題。不過，伴隨著現代密碼學的誕生以及公開金鑰密碼學的出現，特別是李維斯特（Ronald Rivest）、夏米爾（Adi Shamir）和阿德曼（Leonard Adleman）應用整數分解問題建構出史上第一個公開金鑰加密方案 RSA 之後＊，整數分解

＊ 公開金鑰密碼學系統RSA的名稱來源就是李維斯特、夏米爾、阿德曼三人名字首字母的縮寫。RSA方案的詳細介紹參見4.2節。

問題就登上了歷史的舞臺。

為了確定人類可以在何種程度上解決整數分解問題，李維斯特、夏米爾、阿德曼所成立的 RSA 實驗室（RSA Laboratories）於 1991 年 3 月 18 日發起了一個名為 RSA 分解挑戰（RSA Factoring Challenge）的計畫，號召全世界的數學家和密碼學家來研究整數分解問題。他們的具體做法是：公開一系列不同長度的、由兩個大質數相乘得到的合數，大家需要想辦法分解這些合數，得到它們的質因數。如果分解成功，RSA 實驗室將會支付一筆金額不菲的獎金。這些合數因此被稱為 RSA 數（RSA Number）。RSA 分解挑戰具體為：對於每一個公開的 RSA 數 N，都存在質數 p 和 q，滿足 $N = p \times q$。RSA 分解挑戰要求挑戰者在給定 N 的條件下，找到質數 p 和 q。

RSA 實驗室所公開的合數用十進位表示，長短由 100 位至 617 位不等。一般把 100 位 RSA 數記為 RSA-100、把 110 位 RSA 數記為 RSA-110，以此類推。對於一些特定的、對於密碼學安全性具有特殊意義的 RSA 數，數學家會用二進位的長度對這些數進行編號，如 RSA-576、RSA-640、RSA-704、RSA-768、RSA-896、RSA-1024、RSA-1536 以及 RSA-2048。RSA-2048 是 RSA 實驗室公開的最大 RSA 數：

RSA-2048 = 25195908475657893494027183240048398571429282126204032027777137836043662

02070759555626401852588078440691829064124951508218929855914917618450280

84891200728449926873928072877767359714183472702618963750149718246911650

77613337985909570009733045974880842840179742910064245869181719511874612

51517265463228221686998754918242243363725908514186546204357679842338718

4774447920739934236584823824281198163815010674810451660377306056201619$

7625613384414360383390441495263443219011465754445417842402092461651572$

3507787077498171257724679629263863563732899121548314381678998850404453$

4023527381951378636564391212010397122822120720357

成功分解 RSA-2048 所對應的獎金高達 20 萬美元！ RSA 分解挑戰
計畫大大地激發了全世界研究者對於整數分解問題的探究。

1991 年 4 月 1 日，在挑戰計畫開始後短短兩週內，便有人成功分解
了 RSA-100。這位神人是荷蘭數學家倫斯特拉（Arjen Lenstra）。當時
他使用了一個主頻為 2.2GHz 的 AMD Athlon 64 處理器，應用特殊的整
數分解方法，花了大約 4 小時完成了 RSA-100 的整數分解。他因此獲
得了 1,000 美元的獎金。現在，用一個主頻為 3.5GHz 的 Intel Core2 四
核心處理器 Q9300，只需 72 分鐘即可完成 RSA-100 的整數分解。RSA-
100 的整數分解結果為：

RSA-100

$=$ 1522605027922533360535618378132637429718068114961$

　 80688657908494580122963258952897654000350692006139

$=$ 3797522279369436739228088727554456278545655366381$9

$\times$ 4009469095092088103068373529276146838921489972406$1

RSA-100 成功分解一年後的 1992 年 4 月 14 日，倫斯特拉和美國數
學家馬納塞（Mark S. Manasse）分解出第二個 RSA 數：RSA-110，獎金

約為 4,000 美元。整個分解過程大約花了 1 個月的時間。現在，同樣運用一個主頻為 3.5GHz 的 Intel Core2 四核心處理器 Q9300，大約花 4 小時便可完成 RSA-110 的整數分解，其結果為：

RSA-110

$=$ 35794234179725868774991807832568455403003778024228226193532908190484670252364677411513516111204504060317568667

$=$ 6122421090493547576937037317561418841225758554253106999

$\times$ 5846418214406154678836553182979162384198610505601062333

2005 年，德國數學家弗蘭克（J. Franke）等人成功分解了 RSA-640，獲得 20,000 美元的獎金。弗蘭克等人使用了 80 個主頻為 2.2GHz 的 AMD Opteron 處理器，大約花了五個月的時間才完成 RSA-640 的整數分解，其結果為：

RSA-640

$=$ 310741824049004372135075003588856793003734602284272754572016194882320644051808150455634682967172328678243791627283803341547107310850191954852900733772482278352574238645401469173660247765234609

$=$ 16347336458092538484431338838650908598417836700330923121811108523893331001045081512121181675115779

$\times$ 19008712816648221131268515739354139754718967899685154936

66638539088027103802104498957191261465571

　　由於人類對於密碼學理解的不斷深入，RSA 實驗室認為沒有必要繼續進行 RSA 分解挑戰了。因此，RSA 分解挑戰計畫於 2007 年終止。然而，全世界的數學家和密碼學家至今還在致力於解決 RSA 分解挑戰。截至 2020 年 10 月，被分解的最大 RSA 數為法國數學家布多（Fabrice Boudot）等人於 2020 年 2 月 28 日成功分解的 RSA-250，其結果為：

RSA-250

$=$ 2140324650240744961264423072839333563008614715144755017797754920881418023447140136643345519095804679610992851872470914587687396261921557363047454770520805119056493106687691590019759405693457452230589325976697471681738069364894699871578494975937497937

$=$ 64135289477071580278790190170577389084825014742943447208116859632024532344630238623598752668347708737661925585694639798853367

$\times$ 33372027594978156556226010605355114227940760344767554666784520987023841729210037080257448673296881877565718986258036932062711

　　另一個困難問題，理解起來就不像整數分解問題那麼直觀了。前文講到，在與模數 N 互質且小於 N 的所有正整數中，都存在生成元 g，使得 $g^0, g^1, \cdots, g^{\phi(n)-1}$ 會把所有與 N 互質且小於 N 的所有正整數「生成」一遍。在模 N 條件下，給定生成元 g 和某個小於 $\varphi(N)$ 的正整數 a，可以透過一個稱為同餘冪（Congruence Algorithm）的計算方法快速得到 $b \equiv g^a$

（*mod N*）。由於生成元的特殊性，數學家也知道對於任意一個與 *N* 互質且小於 *N* 的正整數 *b*，一定存在一個小於 φ（*N*）的正整數 *a*，使得 *b*=*g*ᵃ。但是，如果計算一遍結果，就會發現得到的順序並沒有什麼規律。例如，當 *N* 為質數 *p* = 11、*g* = 2 時，計算結果如表 3.14 所示。感覺 2^4 ≡ 5（*mod* 11）之後開始，對應結果的順序毫無規律。

表 3.14　模數為 11，生成元為 2 時的冪運算結果

2^0	2^1	2^2	2^3	2^4	2^5	2^6	2^7	2^8	2^9	2^{10}
1	2	4	8	5	10	9	7	3	6	1

給定一個與 *N* 互質且小於 *N* 的正整數 *b*，是否存在一種計算方法，能快速得到一個小於 φ（*N*）的正整數 *a*，使得 *b* ≡ *g*ᵃ (*mod N*) 呢？這個問題和實數中的求對數的問題很像。如果沒有模數 *N*，而是直接計算滿足 *b*=*g*ᵃ 的 *a*，則可以使用電腦快速計算 *a*=*log*_g*b*。然而，這個問題在模 *N* 的條件下就變得特別困難。這便是另一個難題——離散對數問題。

前文講到，人類現在已經成功分解了十進位長度為 250 位的 RSA 數 RSA-250。離散對數問題也有類似的記錄。這裡只介紹模數為質數 *p* 的情況。2005 年 6 月 18 日，密碼學家喬克斯（Antoine Joux）和勒西埃（Reynald Lercier）宣布，他們應用了一個主頻為 1.15GHz，具有 16 核心處理器的惠普阿爾法伺服器（HP AlphaServer），花了三個星期，計算得到了十進位 130 位強質數（Strong Prime）下某一個數的離散對數。2007 年 2 月 5 日，克雷強（Thorsten Kleinjung）宣布，他運用平行計算技術，透過多種電腦進行平行處理，最終得到了十進位 160 位安全質數（Secure Prime）下某一個數的離散對數。2014 年 6 月 11 日，數學家布

維爾（Cyril Bouvier）等人解決了十進位 180 位安全質數下某一個數的離散對數問題。截至 2020 年 10 月，模數為質數 p 的離散對數問題計算的最新進展於 2016 年 6 月 16 日公布。克雷強等人宣布，他們從 2015 年 2 月開始，經過一年四個月的計算，應用了 6,600 個主頻為 2.2GHz 的 Intel Xeon E5-2660 處理器，最終成功得到了十進位 232 位安全質數下某一個數的離散對數。注意，以上所有的成果都只是找到了某一個數的離散對數。要是求解所有數的離散對數，即便是使用現在最先進的電腦處理器，所花費的時間也將是天文數字。

3.4 身份證號碼中隱藏的數學玄機

我們介紹了那麼多有關同餘和模數的性質，那麼這些性質有什麼用呢？實際上，它們與大家的日常生活密不可分。每位中國公民的身份證號碼就隱藏了同餘和模數性質的應用。

自 1999 年以來，第二代身份證上每一位中國公民的身份證號碼都是一個長度為 18 位的數字。有人可能會發現，部分中國公民身份證號碼的最後一位是一個特殊的字元 X。難道這些人有什麼特殊的身份嗎？此外，在使用身份證號碼辦理銀行業務或購買火車票和飛機票時，如果不小心把身份證號碼填錯了，即使還沒有填寫自己的姓名、性別等資訊，相關電腦系統會立即提示身份證號碼輸入有誤。直觀上看，如果身份證號碼填寫錯誤，而且所填寫的錯誤號碼恰巧和另一位中國公民的身份證號碼相同，那麼在沒填寫其他資訊的時候，電腦系統應該是無法得知身份證號碼是否填錯的。難道說，短短的 18 位身份證號碼中還隱藏了不為人知的祕密？下面將用同餘和模數的性質來解釋這一切。

3.4.1 身份證號碼的出生日期碼擴展

在 1999 年以前，每一位中國公民的身份證號碼的長度並不是 18 位，而是 15 位。相關標準由 GB11643-1989《社會保障號碼》所規定。15 位身份證號碼的排列順序從左至右依次為：6 位數字的地址碼、6 位數字的出生日期碼，及 3 位數字的順序碼：

‧6 位的地址碼：表示這位中國公民常住戶口所在縣（市、旗、區）的行政區域代碼。這個行政區域代碼由國家標準 GB/T 2260 所規定。例如，北京市朝陽區的位址碼為 110105，其中 11 代表北京市、01 代表市轄區、05 代表朝陽區；廣東省汕頭市潮陽縣的位址碼為 440524，其中 44 代表廣東省、05 代表汕頭市、24 代表潮陽縣。

‧6 位的出生日期碼：表示這位中國公民出生的年、月、日。例如，1949 年 12 月 31 日出生的中國公民對應的 6 位出生日期碼為 491231；1980 年 1 月 1 日出生的中國公民對應的 6 位出生日期碼為 800101。

‧3 位的順序碼：表示在同一 6 位地址碼所標示的區域範圍內，對同年、同月、同日出生的人編定的順序號，奇數順序碼分配給男性，偶數順序碼分配給女性。例如，北京市朝陽區 1949 年 12 月 31 日所出生的第 2 位女性公民，其 3 位的順序碼為 002；廣東省汕頭市潮陽縣 1980 年 1 月 1 日出生的第 1 位男性公民，其 3 位的順序碼為 001。

在 1999 年以前，每一位中國公民都可以透過這種規則擁有一個獨一無二的身份證號碼。而且，透過身份證號碼可以得到很多個人資訊。例如，當看到某人的身份證號碼為 110105491231002 時，該身份證號碼表示的具體含義如圖 3.13 所示。

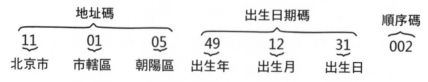

圖 3.13　15 位身份證號碼 110105491231002 的具體含義

　　可以知道，這是一位出生在北京市朝陽區，生日為 1949 年 12 月 31 日的女性，其中女性的判斷依據為身份證末位的 2 是偶數。

　　又例如，當看到某位公民的身份證號碼為 440524800101001 時，該身份證號碼表示的具體含義如圖 3.14 所示。可以知道，這是一位出生於廣東省汕頭市潮陽縣，生日為 1980 年 1 月 1 日的男性，其中男性的判斷依據為身份證末位的 1 是奇數。

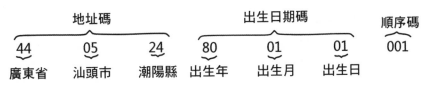

圖 3.14　15 位身份證號碼 440524800101001 的具體含義

　　然而，第二個例子中存在一個問題：這位身份證號碼為 440524800101001 的男性，其出生日期可以是 1880 年 1 月 1 日，也可以是 1980 年 1 月 1 日。這個問題在 1999 年以前並不明顯，因為除了百歲老人以外，幾乎所有中國公民的出生日期都在 1900 年至 1999 年之間。因此，當看到出生日期碼為 800101 時，人們會自然而然認為這位中國公民的出生日期應該是 1980 年 1 月 1 日。

　　1999 年的下一年就是 21 世紀的元年：2000 年。如果仍然按照 GB11643-1989《社會保障號碼》的標準，為 2000 年以後出生的公民分配身份證號碼時，極有可能遇到身份證號碼已被他人占用的情況。例如，同樣是出生在北京市朝陽區的第二位女性公民，雖然兩位女性公民的出生日期分別為 1901 年 1 月 1 日和 2001 年 1 月 1 日，但她們的身份證號

碼都應為 110105010101002。

　　預估到這一即將面對的問題，中國於 1999 年發布了 GB11643-1999
《公民身份號碼》標準，代替之前的 GB11643-1989《社會保障號碼》。
此標準明確要求，每一位中國公民都要獲得一個唯一的、不變的法定身
份證號碼。而用 GB11643- 1999《公民身份號碼》標準生成的身份證號
碼，便是如今日常所使用的第二代身份證號碼了。

　　與 GB11643-1989《社會保障號碼》相比，GB11643-1999《公民身
份號碼》的最大改變是，出生日期碼由之前的 6 位擴展為 8 位。例如，
1949 年 12 月 31 日出生的人對應的出生日期碼，由之前 6 位的 491231
變成了 8 位的 19491231；1980 年 1 月 1 日出生的人對應的出生日期碼，
由之前 6 位的 800101 變成了 8 位的 19800101。藉由擴展出生日期碼的
長度，我們解決了 2000 年後身份證號碼會出現重複的問題。

3.4.2　身份證號碼的校驗方法

　　要知道，修改十幾億中國公民的身份證號碼是一項聲勢浩大的工
程。既然準備修改身份證號碼的標準，就應該盡可能地解決身份證號碼
使用過程中的問題。那麼，在身份證號碼的使用過程中，還有哪些潛在
的問題呢？事實上，無論我們如何認真仔細地填寫自己的身份證號碼，
都難免會出現填寫錯誤的情況。能否在新的身份證號碼標準中，實現快
速檢測填寫錯誤的功能呢？ 18 位身份證號碼的最後一位就是用來快速
檢測身份證號碼是否填錯的關鍵，最後一位也被稱為身份證校驗碼。

　　GB11643-1999《公民身份號碼》中規定，身份證校驗碼採用一個叫
作「MOD11-2」的校驗方法。「MOD」就是 3.3 節介紹的模運算，「11」

是指模數為 11，「2」是指所使用的生成元是 2。「MOD11-2」校驗方法該如何使用，其背後的數學原理又是什麼呢？

GB11643-1999《公民身份號碼》中規定，公民身份證號碼中各個位置上的號碼字元值應滿足下列公式的校驗：

$$\sum_{i=1}^{18} (a_i \times W_i) \equiv 1 (mod\ 11)$$

其中：

· i 表示號碼字元從右至左包括校驗碼字元在內的位置序號；

· a_i 表示第 i 位的號碼字元值；

· W_i 表示第 i 位的加權因子，其數值根據公式 $W_i \equiv 2^{(i-1)} (mod\ 11)$ 計算得出。表 3.15 列出了公民身份證號碼中各個位的加權因子 W_i。

表 3.15　公民身份證號碼中各個位的加權因子 W_i

i	18	17	16	15	14	13	12	11	10	9	8	7	6	5	4	3	2	1
W_i	7	9	10	5	8	4	2	1	6	3	7	9	10	5	8	4	2	1

下面舉一個具體的例子，看看當給定一個身份證號碼時，具體的校驗過程是如何。假定廣東省汕頭市潮陽縣 1880 年 1 月 1 日出生的男性公民，其身份證號碼為：

440524188001010014

實際上，這一 18 位身份證號碼所表示的具體含義與 15 位身份證號碼所表示的具體含義類似，如圖 3.15 所示。

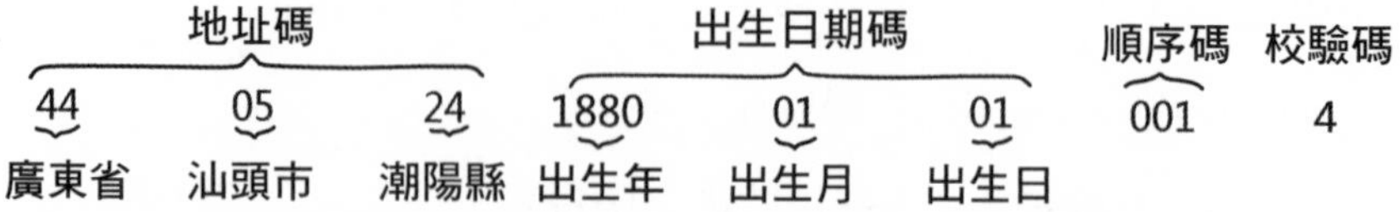

圖 3.15　18 位身份證號碼 440524188001010014 的具體含義

如何應用 GB11643-1999《公民身份號碼》中給出的校驗公式：

$$\sum_{i=1}^{18}(a_i \times W_i) \equiv 1\ (mod\ 11)$$

來實現此身份證號碼的校驗呢？讀者們可以按照 GB11643-1999《公民身份號碼》標準中的描述，一步一步填寫表 3.16，填完之後就能明白校驗過程了。

表 3.16　公民身份證號碼的驗證過程表

i	18	17	16	15	14	13	12	11	10	9	8	7	6	5	4	3	2	1
a_i																		
W_i																		
$a_i\,W_i$																		
$a_1\,W_1+a_2\,W_2+\cdots+a_{18}\,W_{18}\ (mod\ 11)$																		

首先，根據標準的描述，i 表示號碼字元從右至左包括校驗碼字元在內的位置序號，而 a_i 表示第 i 位的號碼字元值。號碼字元從右至左依次為 4、1、0、0、1、0、1、0、0、8、8、1、4、2、5、0、4、4，因此 a_i 為從右至左第 1 位的號碼字元值，即 $a_1 = 4$。同樣地，$a_2 = 1$、$a_3 = 0$，直至 $a_{18} = 4$。將 a_1 到 a_{18} 的結果填到表 3.16 中，如表 3.17 所示。

表 3.17　計算並填寫公民身份證號碼驗證過程表的第二行

i	18	17	16	15	14	13	12	11	10	9	8	7	6	5	4	3	2	1
a_i	4	4	0	5	2	4	1	8	8	0	0	1	0	1	0	0	1	4
W_i																		
$a_i\,W_i$																		
$a_1\,W_1+a_2\,W_2+\cdots+a_{18}\,W_{18}\,(mod\,11)$																		

隨後，根據標準的描述，W_i 表示第 i 位的加權因子，而表 3.15 已列出了公民身份證號碼中各個位的加權因子 W_i。將 W_i 的結果填到表 3.17 中，結果如表 3.18 所示。

表 3.18　計算並填寫公民身份證號碼驗證過程表的第三行

i	18	17	16	15	14	13	12	11	10	9	8	7	6	5	4	3	2	1
a_i	4	4	0	5	2	4	1	8	8	0	0	1	0	1	0	0	1	4
W_i	7	9	10	5	8	4	2	1	6	3	7	9	10	5	8	4	2	1
$a_i\,W_i$																		
$a_1\,W_1+a_2\,W_2+\cdots+a_{18}\,W_{18}\,(mod\,11)$																		

現在需要計算這個最複雜的校驗等式 $\sum_{i=1}^{18}(a_i\times W_i)\,(mod\,11)$，其意思是：依次計算每一個 $a_i\times W_i$，將所有結果求和，除以 11 求餘數。為此，根據表 3.18 的結果依次沿著表格中的每一行分別計算 $a_1\times W_1$、$a_2\times W_2$ 等，一直到 $a_{18}\times W_{18}$，得到表 3.19。

表 3.19　計算並填寫公民身份證號碼驗證過程表的第四行

i	18	17	16	15	14	13	12	11	10	9	8	7	6	5	4	3	2	1
a_i	4	4	0	5	2	4	1	8	8	0	0	1	0	1	0	0	1	4
W_i	7	9	10	5	8	4	2	1	6	3	7	9	10	5	8	4	2	1
$a_i\,W_i$	28	36	0	25	16	16	2	8	48	0	0	9	0	5	0	0	2	4
$a_1\,W_1+a_2\,W_2+\cdots+a_{18}\,W_{18}\,(mod\,11)$																		

最後，把 $a_i \times W_i$ 的所有結果加起來，除以 11 求餘數，便完成了校驗公式的計算。先把 $a_i \times W_i$ 的所有結果加起來，得到：

$28 + 36 + 0 + 25 + 16 + 16 + 2 + 8 + 48 + 0 + 0 + 9 + 0 + 5 + 0 + 0 + 2 + 4 = 199$

將結果除以 11 並取餘數，得到：

$199 = 11 \times 18 + 1$

餘數為 1，將結果填到表 3.19 中，最終得到表 3.20。

表 3.20　完成公民身份證號碼驗證過程表的填寫

i	18	17	16	15	14	13	12	11	10	9	8	7	6	5	4	3	2	1
a_i	4	4	0	5	2	4	1	8	8	0	0	1	0	1	0	0	1	4
W_i	7	9	10	5	8	4	2	1	6	3	7	9	10	5	8	4	2	1
$a_i W_i$	28	36	0	25	16	16	2	8	48	0	0	9	0	5	0	0	2	4
$a_1 W_1 + a_2 W_2 + \cdots + a_{18} W_{18} (mod\ 11)$									1									

可見，驗證結果的確等於 1，滿足 $\sum_{i=1}^{18} (a_i \times W_i) \equiv 1\ (mod\ 11)$，這是有效的身份證號碼。

同樣可以根據校驗公式，把絕大多數 15 位的身份證號碼擴展為 18 位的身份證號碼。需要完成的工作就是根據客觀規律和校驗公式獲取或計算缺失的 3 位身份證號碼。例如，某公民的 15 位身份證號碼為 110105491231002。先把 15 位身份證號碼填寫至表 3.16 中。除了極個別情況外，這位公民一般是 1949 年出生的，將 1 和 9 填寫在表格中對應的位置上。填寫結果如表 3.21 所示。現在的目的是要計算這位公民的最

後一位身份證號碼，不妨將這一位設為 x。

表 3.21　求解身份證號碼為 110105491231002 公民的 18 位身份證號碼

i	18	17	16	15	14	13	12	11	10	9	8	7	6	5	4	3	2	1
a_i	1	1	0	1	0	5	1	9	4	9	1	2	3	1	0	0	2	x
W_i																		
$a_i W_i$																		
$a_1 W_1 + a_2 W_2 + \cdots + a_{18} W_{18} (mod\ 11)$																		

與前面的步驟類似，將身份證號碼每一位對應的加權因子填寫在表 3.21 中。同時，分別計算 $a_1 \times W_1$、$a_2 \times W_2$ 等，將結果填寫到表格中，得到表 3.22。

表 3.22　計算並填寫公民身份證號碼驗證過程表的第三行和第四行

i	18	17	16	15	14	13	12	11	10	9	8	7	6	5	4	3	2	1
a_i	1	1	0	1	0	5	1	9	4	9	1	2	3	1	0	0	2	x
W_i	7	9	10	5	8	4	2	1	6	3	7	9	10	5	8	4	2	1
$a_i W_i$	7	9	0	5	0	20	2	9	24	27	7	18	30	5	0	0	4	x
$a_1 W_1 + a_2 W_2 + \cdots + a_{18} W_{18} (mod\ 11)$																		

校驗等式要求 $a_i \times W_i$ 的所有結果加起來再除以 11 的餘數為 1。為此，先把 $a_i \times W_i$ 的所有結果加起來，得到：

$$7 + 9 + 0 + 5 + 0 + 20 + 2 + 9 + 24 + 27 + 7 + 18 + 30 + 5 + 0 + 0 + 4 + x = 167 + x$$

將結果除以 11，得到：

$$167 + x = 11 \times 15 + 2 + x$$

也就是說，$167 + x$ 除以 11 的餘數為 $2 + x$。校驗等式要求 $2 + x$ 除以 11 的餘數為 1，只有當 $x = 10$ 時才能滿足要求，也就是說這位公民的身份證號碼驗證碼為 10。將結果填寫在表 3.22 中，得到表 3.23。

表 3.23　完成身份證校驗碼的計算

i	18	17	16	15	14	13	12	11	10	9	8	7	6	5	4	3	2	1
a_i	1	1	0	1	0	5	1	9	4	9	1	2	3	1	0	0	2	10
W_i	7	9	10	5	8	4	2	1	6	3	7	9	10	5	8	4	2	1
$a_i W_i$	7	9	0	5	0	20	2	9	24	27	7	18	30	5	0	0	4	10
$a_1 W_1 + a_2 W_2 + \cdots + a_{18} W_{18} \, (mod \, 11)$									1									

這裡出現了一個問題：經過一連串計算，最後得出這位公民新的身份證號碼有 19 位長。這樣的情況並不是特例。總不能讓大部分公民的身份證號碼為 18 位，而少數公民的身份證號碼為 19 位吧？為了統一身份證號碼的長度，GB11643-1999《公民身份號碼》標準引入了一個特殊的符號 X。也就是說，符號 X 表示這位公民身份證號碼的驗證位是 10，從而統一了身份證號碼的長度。這就是為什麼有些人的身份證號碼最後一位是 X 的原因。我們最終得到這位公民的身份證號碼為 11010519491231002X。

3.4.3　身份證校驗碼所蘊含的數學原理

了解了身份證號碼的校驗公式後，我們也就明白了出現以 X 結尾的身份證號碼是模 11 造成的。為什麼要把模數設置為 11 呢？設置成模 10，就不會出現以 X 結尾的身份證號碼了吧，會不會讓身份證號碼更方

便記憶和使用呢？

答案是否定的。選定 11 作為模數的其中一個重要原因是 11 是質數。倘若將模數設定為 10，則會大大削弱校驗等式的功能。想要深入了解這個現象背後的原因，需要 3.3.4 節所介紹的模數為質數 p 的同餘運算的性質。

實際上，身份證號碼的校驗公式具有如下性質：如果身份證號碼的其中一位填寫錯誤（包括最後一位校驗碼），則填錯了的身份證號碼一定不能通過身份證號碼校驗公式的驗證。仍然以身份證號碼 440524188001010014 為例。如果這位公民在填寫身份證號碼時，不小心把身份證號碼的倒數第二位的 1 錯填成了 6，在模 11 的條件下，表 3.20 就會變成表 3.24。先前，身份證號碼倒數第二位對應的 $a_2 \times W_2$ 為 $1 \times 2 = 2$，而現在則變成了 $6 \times 2 = 12$。同時，校驗等式的求和結果也會從之前的：

28 ＋ 36 ＋ 0 ＋ 25 ＋ 16 ＋ 16 ＋ 2 ＋ 8 ＋ 48 ＋ 0 ＋ 0 ＋ 9 ＋ 0 ＋ 5 ＋ 0 ＋ 0 ＋ 2 ＋ 4 ＝ 199

變成了現在的：

28 ＋ 36 ＋ 0 ＋ 25 ＋ 16 ＋ 16 ＋ 2 ＋ 8 ＋ 48 ＋ 0 ＋ 0 ＋ 9 ＋ 0 ＋ 5 ＋ 0 ＋ 0 ＋ 12 ＋ 4 ＝ 209

除以 11 的餘數也就從之前的 199 ＝ 11×18 ＋ 1 變成了現在的 209 ＝ 11×19 ＋ 0，不滿足餘數等於 1 的要求，校驗等式不成立。實際上，應用模數為質數 p 的同餘運算性質可知：當模數為質數 11 時，任意一

位身份證號碼填錯，都將導致校驗等式的結果發生變化。

表 3.24　公民錯誤地填寫了身份證號碼的倒數第二位

i	18	17	16	15	14	13	12	11	10	9	8	7	6	5	4	3	2	1
a_i	4	4	0	5	2	4	1	8	8	0	0	1	0	1	0	0	6	4
W_i	7	9	10	5	8	4	2	1	6	3	7	9	10	5	8	4	2	1
$a_i\,W_i$	28	36	0	25	16	16	2	8	48	0	0	9	0	5	0	0	12	4
$a_1\,W_1{+}a_2\,W_2{+}\cdots{+}a_{18}\,W_{18}\,(mod\ 11)$								0										

如果把模數換成 10，觀察校驗等式的求和結果：

28 ＋ 36 ＋ 0 ＋ 25 ＋ 16 ＋ 16 ＋ 2 ＋ 8 ＋ 48 ＋ 0 ＋ 0 ＋ 9 ＋ 0 ＋ 5 ＋ 0 ＋ 0 ＋ 2 ＋ 4 ＝ 199

28 ＋ 36 ＋ 0 ＋ 25 ＋ 16 ＋ 16 ＋ 2 ＋ 8 ＋ 48 ＋ 0 ＋ 0 ＋ 9 ＋ 0 ＋ 5 ＋ 0 ＋ 0 ＋ 12 ＋ 4 ＝ 209

而 199 和 209 除以 10 的餘數均為 9。也就是說，雖然身份證號碼倒數第二位的 1 被錯誤地寫成 6，但求和結果除以 10 的餘數保持不變，仍然等於 9，驗證公式仍然成立。此時便無法判斷身份證號碼究竟是否填錯了。實際上，當某一位的加權因子為 2 時，如果：

・把 1 錯誤地填成了 6，或把 6 錯誤地填成了 1；

・把 2 錯誤地填成了 7，或把 7 錯誤地填成了 2；

・把 3 錯誤地填成了 8，或把 8 錯誤地填成了 3；

・把 4 錯誤地填成了 9，或把 9 錯誤地填成了 4；

・把 5 錯誤地填成了 0，或把 0 錯誤地填成了 5。

則模 10 下的身份證號碼驗證公式都無法檢測出錯誤，校驗公式的檢錯功能將會被大大削弱。

可以證明，只有將加權因子設為與模數 10 互質的整數 1、3、7、9，才能避免上述情況的發生，從而使模數為 10 的校驗等式同樣可以驗證出身份證號碼中的一位錯誤。

如果不小心填錯了兩位以上的身份證號碼，校驗公式還能發揮其檢錯功能嗎？可以證明，當模數為質數 11 時，如果身份證號碼有兩位以上填寫錯誤（包括最後一位校驗碼），則填錯了的身份證號碼只有約 10% 的機率能夠通過身份證號碼校驗公式的驗證。也就是說，此時身份證號碼校驗公式可以檢測出約 90% 的填寫錯誤情況。如果模數為合數 10，則填錯了的身份證號碼通過校驗公式驗證的機率會大大提高。

3.4.4　有關身份證號碼的擴展問題

身份證號碼中包含了公民的出生地、生日及性別等個人隱私資訊。因此，可以認為身份證號碼是敏感資訊。在條件允許的情況下，應該盡可能避免公開使用公民的身份證號碼。

然而，不少電視節目的抽獎環節都是公布獲獎觀眾的身份證號碼來告知獲獎名單。不過，大多數平台都對這些身份證號碼進行了一定的處理，如隱藏出生年份等。但是，如果僅隱藏出生年份，例如公布獲獎觀眾的身份證號碼為 110105????1231002X，這樣隱藏能夠達到保護私人身份資訊的目的嗎？別有用心的攻擊者是否能透過所公開的一部分身份證號碼，推斷出此獲獎觀眾的出生年份呢？

事實上，如果完全了解身份證號碼校驗等式所蘊含的數學原理，很

容易就可以得出下面的結論：假定身份證號碼為 110105????1231002X 的獲獎觀眾年齡不超過 60 歲，則她一定為出生在北京市朝陽區的女性，且身份證號碼只可能是下述五種情況中的一種：

- ‧11010519571231002X
- ‧11010519651231002X
- ‧11010519731231002X
- ‧11010519811231002X
- ‧11010520011231002X

　　讀者們能根據身份證號碼驗證公式得到上述結論嗎？如果獲獎觀眾的身份證號碼僅能隱藏四位，那麼隱藏哪四位會更安全呢？

　　本章介紹了數論中的一些基本概念和基本知識，並圍繞質數的性質展開了諸多討論。知名的數學科普作家 Matrix67 在果殼網上列舉了很多有意思的質數。在美劇《宅男行不行》（*The Big Bang Theory*）中，主角謝爾登‧庫珀（Sheldon Cooper）也曾提到過一個特別的質數：73。73 是第 21 個質數，而 37 恰好是第 12 個質數。同時，21 恰好等於 3 乘以 7。把 73 轉換成為二進位後可以得到一個對稱的位元串 1001001。一般把圓周率 π 中前 n 位組成的質數稱為 π 質數。前三個 π 質數是 3、31、314159。第四個 π 質數可就複雜了：31415926535897932384626433832795028841。有 π 質數，自然也有 e 質數。前三個 e 質數是 2、271、2718281。第四個 e 質數卻大得可怕。還有時鐘質數、易損質數、鐵達尼質數、俄羅斯套娃質數等很多有意思的質數。質數中蘊含了豐富的數

學知識，等待著數學家們去挖掘、探索。

　　本章中對於數論基礎知識的講解參考了羅森（Kenneth H. Rosen）所著的《離散數學及其應用（原書第五版）》，覃中平、張煥國等人所著的《資訊安全數學基礎》，以及劉建偉、王育民所著的《網路安全──技術與實踐（第2版）》中的相關內容。

　　如果想進一步了解張益唐對孿生質數猜想所做的貢獻，可參考網友王若度在果殼網上發表的博文〈孿生質數猜想，張益唐究竟做了一個什麼研究？〉。德裔美國獨立電影製作人齊哲瑞（George Paul Csicsery）拍攝了張益唐的紀錄片《大海撈針：張益唐與孿生質數猜想》（*Counting from Infinity: Yitang Zhang and the Twin Prime Conjecture*），有興趣的讀者朋友可以透過這部紀錄片，了解張益唐研究工作背後的點點滴滴。有關梅森質數的歷史，可參考網友異調在果殼網上發表的博文〈互聯網梅森質數大搜索〉。

04

+ + + + +

「你說你能破，你行你上呀」

安全密碼：
守護數據的科學方法

電腦科學家與密碼學家跟隨著圖靈的腳步，在圖靈機與計算複雜性理論的基礎上建立起了現代密碼學，用科學的方法考察密碼的安全性。1977 年，IBM 公司在美國國家安全局的資助下，用科學的方法設計並公布了一種新的加密標準：資料加密標準（Data Encryption Standard，DES）。DES 的安全性極高，至今密碼學家未能從理論上找到破解 DES 的方法。1998 年，由於 DES 的金鑰長度已經不太夠用，密碼學家提出了一系列替代 DES 密碼的新型密碼。2000 年 10 月 2 日，經歷了三年多的層層篩選與嚴格測評，美國國家標準技術局（National Institute of Standards and Technology，NIST）終於宣布，將比利時密碼學家德門（Joan Daemen）和賴伊曼（Vincent Rijmen）共同設計的 Rijndael 加密方案設立為新的加密標準，並命名為進階加密標準（Advanced Encryption Standard，AES）。截至目前，密碼學家還沒有發現 AES 的任何缺陷，它仍然被認為是極為安全的加密方案。在這場密碼設計與破解的永恆戰爭中，密碼設計者使用科學的武器，終於取得了戰爭的勝利！

1960 年，美國國防部高等研究計畫署（Advanced Research Projects Agency，ARPA）創建了 ARPA 網路，這一舉動不經意間引發了技術進步。ARPA 網路一步一步最終發展成為如今人們生活工作中無處不在的網際網路。網路的出現真正豐富了人們的生活，讓身處全球各地的人們可以隨時輕鬆便利地傳輸文字、語音、圖像和影片等資訊。然而，如何保證網路上資訊傳輸的安全性成為一項新的挑戰。一個看似合理的方法是在發送資訊前對資訊進行加密。然而，如果想要加密傳輸一段資訊，則雙方都需要預先知道一個相同的金鑰，否則資訊接收方也無法正確解密資訊。在網路環境下，雙方如何得到相同的金鑰呢？總不能讓遠在

天邊的兩個人不遠千里到某個固定的地點接頭，互相交換金鑰吧？密
碼學家需要設計一種方法，能讓通訊雙方在不安全的網路上協商出一個
只有他們自己知道的相同金鑰。為此，昇陽電腦（Sun Microsystems）
的首席安全長狄菲（Whitfield Diffie）和史丹福大學電子工程系教授赫
爾曼（Martin E. Hellman）於 1976 年發表了論文〈密碼學的新方向〉
（New Directions in Cryptography），正式提出了一種透過公開媒介安
全協商金鑰的方法，開創了密碼學的新領域：公開金鑰密碼學（Public
Key Cryptography）。1977 年，麻省理工學院的密碼學家李維斯特、夏
米爾和阿德曼共同發表論文〈一種建構數位簽章和公開金鑰密碼學系
統 的 方 法 〉（A Method for Obtaining Digital Signatures and Public-Key
Cryptosystems），正式提出了公開金鑰密碼學系統。密碼學家把這種方
法以三位作者的名字首字母命名，稱為 RSA。RSA 的出現真正使得網路
上安全的資訊傳輸成為可能。

　　本章將帶領讀者走進現代密碼學的大門，了解目前仍未被破解的諸
多安全密碼方案。首先要介紹的是現代密碼學中的第一大分支：對稱密
碼學（Symmetric Key Cryptography）。對稱密碼學中的加密體制可稱為
對稱加密（Symmetric Key Encryption）。實際上，前文所介紹的所有加
密方案都屬於對稱加密。在詳細介紹對稱加密前，本章會先分析一個上
帝也破解不了的一次一密（One-Time Pad）加密方案以及其所具備的完
備保密性（Perfect Secrecy）。應用嚴謹的數學推導，可以證明在不知
道金鑰的條件下，即使是上帝也無法破解滿足完備保密性的對稱加密方
案。但是，上帝也破解不了的密碼方案太過安全，實際使用時存在諸多
的不便。接下來，本章將介紹電腦無法破解的密碼方案所具備的性質：

計算安全性（Computational Security）。可以認為，理論上未被攻破的加密方案均滿足計算安全性。了解完對稱加密後，將介紹現代密碼學的另一大分支：非對稱密碼學（Asymmetric Key Cryptography），也稱公開金鑰密碼學（Public Key Cryptography）。這一分支不僅為現代密碼學帶來了非對稱加密（Asymmetric Key Encryption），或稱公鑰加密（Public Key Encryption）的概念，還引入了很多全新的密碼學概念，如數位簽章（Digital Signature）等。本章將帶領讀者回到 1976 年，了解在公鑰密碼學提出的過程中，密碼學家所經歷的痛苦。

4.1 「誰來都沒用，上帝也不行」：對稱密碼

4.1.1 對稱密碼的基本概念

現代密碼學是一門科學，而科學總會涉及一些理論方面的描述。因此有必要引入一些定義和符號，以便大家更有系統地理解現代密碼學中的一些概念。

首先，用一個簡單的例子來描述資訊加密和解密的整個過程。資訊發送方和接收方之間的資訊傳輸過程可以具體地比喻為雙方互相發送密碼保險箱。為了發送一段有意義的資訊，資訊發送方將資訊寫在紙條上，把紙條放置在保險箱中，用鑰匙將保險箱鎖住，最後把保險箱寄給資訊接收方。在資訊加密過程中，紙條上的資訊等價於明文，保險箱等價於加密演算法，用來鎖保險箱的鑰匙等價於加密金鑰，鎖好的保險箱等價於密文。當收到資訊發送方寄來的保險箱後，資訊接收方用鑰匙打開保險箱，得到放置在內部的紙條，得到發送來的資訊。在資訊解密過程中，用來打開保險箱的鑰匙就是解密金鑰。

下面將用一些函數和符號來更嚴謹地描述資訊加密和解密的過程。在密碼學中，經常用字母 m 表示明文，這裡的 m 取自於明文對應的英文「Message」的首字母。密文經常用字母 c 來表示，取自於密文對應的英文「Ciphertext」的首字母。加密金鑰一般用字母 ek 表示，取自於加密金鑰對應的英文「Encryption Key」的首字母。而解密金鑰一般用字母 dk 表示，取自於解密金鑰對應的英文「Decryption Key」的首字母。

一般來說，並不是任意字元或符號都可以作為明文、密文或金鑰，

需要對明文、密文和金鑰的取值範圍做出一些限制。例如，凱撒密碼的明文和密文只能為英文字母，而金鑰只能為一個英文字母。又例如，維吉尼亞密碼的明文、密文和金鑰都只能為英文字母。在現代密碼學中，一般用符號 M 表示明文選取的範圍，稱為明文空間（Message Space）；用符號 C 表示密文選取的範圍，稱為密文空間（Ciphertext Space）；分別用符號 K_e 和 K_d 表示加密金鑰和解密金鑰選取的範圍，稱為加密金鑰空間（Encryption Key Space）和解密金鑰空間（Decryption Key Space）。

　　有了明文、密文和金鑰的符號表示後，就可以用一系列函數來描述加密和解密過程了。不過在此之前，還需要引入一個重要的概念：演算法（Algorithm）。在描述歐幾里德法時，需要先給定待求解最大公因數的一對整數 a 和 b，再用步驟①至步驟④描述求解最大公因數的完整過程，根據過程一步步進行計算，得到最終的結果。科學上稱可以計算或解決一個問題的一組明確的條件和步驟為解決這個問題的演算法。待求解的問題為演算法的輸入（Input），求解的結果為演算法的輸出（Output）。透過描述輸入、計算步驟、輸出，便可以完整定義一個演算法了。我們在 3.2.4 節介紹過歐幾里德演算法。歐幾里德演算法的輸入為兩個正整數 a 和 b，計算步驟為步驟①至步驟④，輸出為 a 和 b 的最大公因數。

　　實際上，加密和解密也是一個待求解的問題。加密要解決的問題是運用金鑰把明文轉換為密文，而解密要解決的問題是運用金鑰把密文恢復為明文。在密碼學中，一般用三個演算法來描述一個完整的加密和解密過程：金鑰生成（Key Generation）、加密（Encryption）和解密（Decryption）：

　　‧金鑰生成演算法的目的是從所有可能的備選金鑰中選出一個金鑰。該演算法的輸入比較奇怪，是一個叫作安全常數（Security Parameter）的參數，用符號 λ 表示。安全常數是一個正整數，用來表示破解這個加密方案的難度。這個概念理解起來有一定難度，使用時把它當作一個默認參數即可。金鑰生成演算法的輸出是加密金鑰和解密金鑰。因此，可以用函數（ek, dk）← $KeyGen$（λ）表示金鑰生成演算法，其中 $ek \in K_e$、$dk \in K_d$，演算法名稱 KeyGen 為英文「金鑰生成」一詞「Key Generation」的縮寫。

　　‧加密演算法理解起來就比較簡單了。該演算法的目的是要應用加密金鑰，把明文轉換為密文。加密演算法的輸入是加密金鑰和明文，輸出是密文。同樣地，可以用函數 c ← $Encrypt$（ek, m）表示加密演算法，其中 $ek \in K_e$、$m \in M$、$c \in C$，演算法名稱 Encrypt 正是英文「加密」一詞「Encryption」的動詞形式。

　　‧解密演算法理解起來也不難，其目的是要應用解密金鑰，把密文轉換為明文。解密演算法的輸入是解密金鑰和密文，輸出是明文。可以用函數 m ← $Decrypt$（dk, c）表示解密演算法，其中 $dk \in K_d$、$c \in C$、$m \in M$，演算法名稱 Decrypt 正是英文「解密」一詞「Decryption」的動詞形式。

　　我們再來看看對稱加密的定義。可以用密碼保險箱來具體地比喻對稱加密。一般來說，不僅打開密碼保險箱時需要使用鑰匙，關閉時也需要使用相同的鑰匙。而對稱加密就類似於這種密碼箱：加密金鑰和解密金鑰必須相同──開箱的鑰匙必須一樣。可以用圖 4.1 簡單描述對稱加

密。古典密碼學中所有的加密方案都屬於對稱加密。例如，維吉尼亞密碼中，資訊發送方和接收方分別需要使用同一個英文單詞或語句對資訊進行加密和解密，否則解密出的明文會與原始明文不一致。又如，恩尼格瑪機中，資訊發送方和接收方需要按照相同的方法設置恩尼格瑪機，否則資訊接收方解密得到的明文很可能是一段無意義的亂碼。

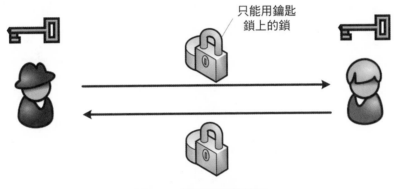

圖 4.1　對稱密碼學簡圖

只需要對前文中的演算法描述進行簡單的修改，就可以用金鑰生成、加密和解密這三個演算法來描述對稱加密。對稱加密中，加密金鑰空間和解密金鑰空間相同，因此統一用金鑰空間（Key Space）K 來描述，其符號表示為：$K_e = K_d = K$。同時，加密金鑰和解密金鑰也是相同的，統一用金鑰 key 來描述，其符號表示為：$ek = dk = key \in K$。由此便可得到對稱金鑰的形式化定義：

　· $key \leftarrow KeyGen\,(\lambda)$。以安全常數 λ 作為輸入，輸出金鑰 $key \in K$。
　· $c \leftarrow Encrypt\,(key, m)$。以金鑰 $key \in K$ 和明文 $m \in M$ 作為輸入，

輸出明文在金鑰下加密生成的密文 $c \in C$。

　·$m \leftarrow Decrypt（key, c）$。以金鑰 $key \in K$ 和密文 $c \in C$ 作為輸入，輸出密文在金鑰下解密得到的明文 $m \in M$。

4.1.2　避免金鑰重複使用的另一種加密構想：滾動金鑰

　　第二次世界大戰結束前，密碼學家設計出了多種密碼演算法，但無一例外地被破解。這迫使密碼學家開始思考：導致密碼被破解的本質原因是什麼？經過嚴謹細緻的分析，密碼學家發現問題的癥結是金鑰的重複使用。舉例來說，凱撒密碼被破解的本質原因是：所有明文字母都被向前或向後移動了相同的距離，這使得明文中包含的一些內在規律從密文中顯露了出來。維吉尼亞密碼也是如此，其核心問題是固定長度金鑰的重複使用導致密文難以避免地體現出一定的規律性。

　　能否用增加金鑰長度的方式提高維吉尼亞密碼的破解難度，使其變得更安全呢？為此，密碼學家提出了一個簡單粗暴的方案：直接使用一本書作為金鑰。如果所選擇的書籍足夠厚，那麼用這本書就可以加密相當長的一段明文，而且可以保證金鑰不會出現大段或者規律性的重複。這種加密方式稱為滾動金鑰密碼（Running Key Cipher）。把這種方法應用到維吉尼亞密碼上，所得到的加密方法即為滾動金鑰維吉尼亞密碼（Running Key Vigenère Cipher）。如果用形式化的語言來定義滾動金鑰維吉尼亞密碼，則金鑰空間 K 為市面上所有的英文書，明文空間 M 和密文空間 C 為一段比英文書字母總個數小的英文字母組合，金鑰生成演算法、加密演算法、解密演算法則分別為：

· $key \leftarrow KeyGen$（λ）：選擇並輸出一本英文書；

· $c \leftarrow Encrypt$（key, m）：與維吉尼亞密碼的加密過程相同；

· $m \leftarrow Decrypt$（key, c）：與維吉尼亞密碼的解密過程相同。

下面用一個例子來說明滾動金鑰維吉尼亞密碼的加密過程。明文為 begin the attack at dawn（黎明時分發起進攻），而金鑰選擇的是英國作家狄更斯的長篇歷史小說《雙城記》（*A Tale of Two Cities*）的第一句話：IT WAS THE BEST OF TIMES, IT WAS THE WORST OF TIMES（這是最好的時代，也是最壞的時代）。也可以繼續使用《雙城記》後面的文本作為金鑰，對更長的明文進行加密。這樣使用金鑰似乎可以彌補原始維吉尼亞密碼的缺陷，使得密文更難以被破解。

b	e	g	i	n		t	h	e		a	t	t	a	c	k		a	t		d	a	w	n
I	T	W	A	S		T	H	E		B	E	S	T	O	F		T	I		M	E	S	I
J	X	C	I	F		M	O	I		B	X	K	T	Q	P		T	B		P	E	O	V

由於金鑰不會被重複使用，2.2.3 節所提到的巴貝奇破解法對滾動金鑰維吉尼亞密碼無能為力。即使使用 2.2.3 節所提到的、更為強力的卡西斯基檢測法，檢測結果也只會顯示：這一段維吉尼亞密碼加密的密文所對應的金鑰長度過長，無法破解。難道這樣的密碼就安全了嗎？答案是否定的。滾動金鑰維吉尼亞密碼在 1918 年被美國陸軍密碼學家弗里德曼（William F. Friedman）破解，其破解方法應用了數學中的機率論思想。下面就讓我們來看看弗里德曼是如何破解的。英文字母的出現頻率分布如表 4.1 所示，在破解過程中，我們使用該表來查找字母出現的頻率。

表 4.1　英文字母頻率分布表

字母	頻率	字母	頻率
A	0.08167	N	0.06749
B	0.01492	O	0.07507
C	0.02782	P	0.01929
D	0.04253	Q	0.00095
E	0.12702	R	0.05987
F	0.02228	S	0.06327
G	0.02015	T	0.09056
H	0.06094	U	0.02758
I	0.06966	V	0.00978
J	0.00153	W	0.02360
K	0.00772	X	0.00150
L	0.04025	Y	0.01974
M	0.02406	Z	0.00074

　　來思考一個很簡單的問題。假定在密文中看到了一個字母 A，根據維吉尼亞密碼的加密過程，可以知道密文字母 A 可能是由明文字母 a 在金鑰字母 A 下加密得來的，也可能是由明文字母 b 在金鑰字母 Z 下加密得來的，還可能是由明文字母 c 在金鑰字母 Y 下加密得來的，還可能是明文字母 d 在金鑰字母 X 下加密得來的，以此類推。那麼，如果加密時所使用的滾動金鑰是一本書，則上述哪種情況發生的機率最高呢？由於字母 A 在英文中出現的頻率很高，遠高於字母 B、Z、C、Y、D、X 出現的機率，因此密文字母 A 由明文字母 a 在金鑰字母 A 下加密得來的機率最高。實際上，可以列舉出當密文字母為 A 時，明文字母和金鑰字母所有組合的可能，並根據表 4.1 計算出各種組合出現的機率。在計算過程中要特別注意，密文字母 A 可能是明文字母 b 在金鑰字母 Z 下加密得

來的，也可能是明文字母 z 在金鑰字母 B 下加密得來的，因此 BZ 組合
出現的機率要計算兩次，CY、DX 等組合也一樣。計算結果如表 4.2 所
示。表 4.2 的右側列出了各種字母組合出現機率的排序。從表 4.2 可以
看出，當看到密文字母 A 時，其最有可能是由 HT 組合得來的，而 AA
組合對應的機率排在第三位。

表 4.2　得到密文字母 A 時，明文字母和金鑰字母組合出現的機率

組合	機率	排序
AA	0.08167×0.08167×1 = 0.0066699889	3
BZ	0.01492×0.00074×2 = 0.0000220816	13
CY	0.02782×0.01974×2 = 0.0010983336	9
DX	0.04253×0.00150×2 = 0.0001275900	12
EW	0.12702×0.02360×2 = 0.0059953440	4
FV	0.02228×0.00978×2 = 0.0004357968	10
GU	0.02015×0.02758×2 = 0.0011114740	8
HT	0.06094×0.09056×2 = 0.0110374528	1
IS	0.06966×0.06327×2 = 0.0088147764	2
JR	0.00153×0.05987×2 = 0.0001832022	11
KQ	0.00772×0.00095×2 = 0.0000146680	14
LP	0.04025×0.01929×2 = 0.0015528450	7
MO	0.02406×0.07507×2 = 0.0036123684	6
NN	0.06749×0.06749×1 = 0.0045549001	5

可以用類似的方法，計算各個密文字母對應的明文字母和金鑰字母
組合的出現機率。弗里德曼就是這樣破解了滾動金鑰維吉尼亞密碼。假
定要破解的密文是：LAEKAHBWAGWIPTUKVSGB。從表 4.2 可以得到，
第二個密文字母 A 對應的明文字母和金鑰字母組合機率最高的五種組合

為 HT、IS、AA、EW、NN。按照相同的方法，可以計算出各個密文字母對應的明文字母和金鑰字母組合機率最高的五種組合。例如，經過計算可以得到，第一個密文字母 L 對應的明文字母和金鑰字母組合機率最高的五種組合為 EH、ST、AL、DI、RU。

　　接下來的破解過程就比較繁瑣了。對於每一個密文字母，把出現頻率最高的明文字母和金鑰字母列在一張表格中。我們已經知道，明文字母連起來應該是一段有意義的英文句子。而在滾動金鑰維吉尼亞密碼中，由於金鑰也是從一本書中選取的，因此金鑰字母連起來也應該是一段有意義的英文句子。因此，接下來的目標就是嘗試在這張表格中找到有意義的英文句子。雖然尋找過程比較漫長，但只要有耐心，花費足夠的時間和精力後總能得出有意義的結果。表 4.3 給出了列舉的表格，並標註出查找的結果。

表 4.3　在明文字母和金鑰字母清單中尋找有意義的結果

密文	L	A	E	K	A	H	B	W	A	G	W	I	P	T	U	K	V	S	G	B
組合1	E	H	A	R	H	O	I	E	H	N	E	E	A	H	R	E	E	N	I	I
順序	H	T	E	T	T	T	S	T	T	S	E	L	T	N	T	R	O	T	T	T
組合2	S	I	N	D	I	D	N	I	I	O	I	A	H	I	D	D	I	A	O	N
順序	T	S	R	H	S	E	O	O	S	S	O	I	I	L	R	H	N	S	S	O
組合3	A	A	L	E	A	A	H	D	A	C	D	O	T	E	A	E	H	H	C	H
順序	L	A	T	G	A	H	U	T	A	E	T	U	W	P	U	G	O	L	E	U
組合4	D	E	I	S	E	N	A	A	E	A	A	R	C	F	C	S	D	F	A	A
順序	I	W	W	S	W	U	B	W	W	G	W	R	N	O	S	S	S	N	G	B
組合5	R	N	M	C	N	P	D	F	N	I	F	P	A	C	I	C	C	B	I	D
順序	U	N	S	I	N	S	Y	R	N	Y	R	T	P	R	M	I	T	R	Y	Y

密文	L	A	E	K	A	H	B	W	A	G	W	I	P	T	U	K	V	S	G	B
組合1逆序	H	T	E	T	T	T	T	S	T	T	S	E	L	T	N	T	R	O	T	T
	E	H	A	R	H	O	I	E	H	N	E	E	A	H	R	E	E	N	I	
組合2逆序	T	S	R	H	S	E	O	O	S	S	O	I	I	L	R	H	N	S	S	O
	S	I	N	D	I	D	N	I	I	O	I	A	H	I	D	D	I	A	O	N
組合3逆序	L	A	T	G	A	H	U	T	A	E	T	U	W	P	U	G	O	L	E	U
	A	A	L	E	A	A	H	D	A	C	D	O	T	E	A	E	H	H	C	H
組合4逆序	I	W	W	S	W	U	B	W	W	G	W	R	N	O	S	S	S	N	G	B
	D	E	I	S	E	N	A	A	E	A	A	R	C	F	C	S	D	F	A	A
組合5逆序	U	N	S	I	N	S	Y	R	N	Y	R	T	P	R	M	I	T	R	Y	Y
	R	N	M	C	N	P	D	F	N	I	P	A	C	I	C	C	B	I	D	

　　根據兩句話的意思，可以猜想表 4.3 上半部分所標註的英文句子為金鑰，下半部分所標註的英文句子為明文。因此，明文為：start the attack at noon（中午發起進攻），金鑰為 THE THOUSAND INJURIES O（百般迫害）。金鑰來自美國小說家愛倫坡（Edgar Allan Poe）的短篇小說《一桶阿芒提拉多酒》（*The Cask of Amontillado*）的第一句話：The thousand injuries of Fortunato I had borne as I best could（福圖納托對我百般迫害，我都儘量忍住）。

4.1.3　一次一密：從看似不可破解到可證明不可破解

　　為什麼即使滾動金鑰維吉尼亞密碼沒有重複使用金鑰，所加密的密文還是被破解呢？仔細分析弗里德曼的破解方法就會發現，雖然加密時沒有重複使用金鑰，但所使用的金鑰仍然是有意義的英文句子，金鑰字母本身仍會包含一定的隱性規律。弗里德曼正是應用了這一隱性規律來

進行破解的。如何進一步優化滾動金鑰維吉尼亞密碼，使其能夠抵擋弗里德曼所使用的統計學破解方法呢？既然要避免金鑰本身包含一定的規律，何不用一長串完全隨機的金鑰來加密明文呢？這樣一來，每一種金鑰字母出現的可能都變為$\frac{1}{26}$。如果金鑰夠長，且每一個金鑰字母都是隨機選取的，維吉尼亞密碼會變得更安全嗎？

在很長一段時間裡，密碼學家都沒有找到可能的破解方法，認為這種方式的確會提高密碼的安全性。雖然無法用理論對其進行嚴格證明，但一些現象似乎支持這一結論。考慮這樣一個問題：假定資訊發送方要應用維吉尼亞密碼向接收方發送一段加密的資訊，明文為：i love alice（我愛愛麗絲）。選擇一個完全隨機的金鑰 U SNHQ LFIYU 來加密這段明文。應用維吉尼亞密碼，可以得到加密結果為：C DBCU LQQAY。

明文	i		l	o	v	e		a	l	i	c	e
真實金鑰	U		S	N	H	Q		L	F	I	Y	U
密文	C		D	B	C	U		L	Q	Q	A	Y

如果密碼破譯者截獲了這段密文，並成功猜測出金鑰，此密碼破譯者當然可以成功解密並恢復出明文。但是，仔細思考就會發現，密碼破譯者沒有任何理由可以猜出金鑰是什麼。如果密碼破譯者猜測金鑰為 U WBJQ LFIYU，那麼密碼破譯者所恢復出的明文就變成了：i hate alice（我恨愛麗絲），意思甚至是完全相反的。

密文	C		D	B	C	U		L	Q	Q	A	Y
猜測金鑰	U		W	B	J	Q		L	F	I	Y	U
明文	i		h	a	t	e		a	l	i	c	e

如果密碼破譯者猜測金鑰為 U SNHQ TWYAL，那麼密碼破譯者所恢復出的明文就變成了：i love susan（我愛蘇珊）。雖然仍然是表達愛意，但是愛的對象卻錯了。

密文	C		D	B	C	U		L	Q	Q	A	Y
猜測金鑰	U		S	N	H	Q		T	W	Y	A	L
明文	i		l	o	v	e		s	u	s	a	n

實際上，任意一段包含 10 個字母的明文與密文 C DBCU LQQAY 一一對應，都會得到一個滿足解密結果要求的金鑰。如果金鑰真的是隨機選取的，從密碼破譯者的角度看，所有金鑰都可能是真實的金鑰。

1917 至 1918 年，AT&T 公司（American Telephone and Telegraph Company）貝爾實驗室（Bell Lab）的工程師弗南（Gilbert Vernam）和莫博涅（Joseph O. Mauborgne）設計了一個用隨機金鑰加密明文的加密演算法。這個加密演算法的原理非常簡單：為每一位明文字母選擇一個完全隨機的金鑰進行加密。這種加密演算法被密碼學家稱為一次一密。莫博涅於 1915 年還創建了一段密文，如表 4.4 所示。這段密文至今的確無人能夠破解。

表 4.4　莫博涅於 1915 年建構的密文，至今未被破解

PMVEB	DWXZA	XKKHQ	RNFMJ	VATAD	YRJON	FGRKD	TSVWF	TCRWC
RLKRW	ZCNBC	FCONW	FNOEZ	QLEJB	HUVLY	OPFIN	ZMHWC	RZULG
BGXLA	GLZCZ	GWXAH	RITNW	ZCQYR	KFWVL	CYGZE	NQRNI	JFEPS
RWCZV	TIZAQ	LVEYI	QVZMO	RWQHL	CBWZL	HBPEF	PROVE	ZFWGZ
RWLJG	RANKZ	ECVAW	TRLBW	URVSP	KXWFR	DOHAR	RSRJJ	NFJRT

AXIJU	RCRCP	EVPGR	ORAXA	EFIQV	QNIRV	CNMTE	LKHDC	RXISG
RGNLE	RAFXO	VBOBU	CUXGT	UEVBR	ZSZSO	RZIHE	FVWCN	OBPED
ZGRAN	IFIZD	MFZEZ	OVCJS	DPRJH	HVCRG	IPCIF	WHUKB	NHKTV
IVONS	TNADX	UNQDY	PERRB	PNSOR	ZCLRE	MLZKR	YZNMN	PJMQB
RMJZL	IKEFV	CDRRN	RHENC	TKAXZ	ESKDR	GZCXD	SQFGD	CXSTE
ZCZNI	GFHGN	ESUNR	LYKDA	AVAVX	QYVEQ	FMWET	ZODJY	RMLZJ
QOBQ								

　　一直以來，密碼破譯者直觀上認為一次一密是不可破解的，但也一直無法從數學的角度嚴格對其進行證明。30 年後，資訊理論的創始人，美國數學家、密碼學家夏農在《貝爾系統技術學報》（*Bell System Technical Journal*）發表了論文〈保密系統的通訊理論〉（Communication Theory of Secrecy Systems）。在這篇論文中，夏農應用機率論的方法，從數學角度嚴格證明了一次一密是無法被破解的。

　　為了描述夏農所給出的結論，首先需要確定：什麼叫作無法被破解的密碼？我們來舉個簡單的例子。假定韓梅梅同學暗戀班上的另一位同學李雷，但是韓梅梅不知道李雷是不是也喜歡自己。站在韓梅梅的角度，用符號 *Pr*〔李雷喜歡韓梅梅〕來表示「李雷喜歡韓梅梅」這個事件發生的機率。韓梅梅雖然不確定李雷是不是也喜歡自己，但是從種種日常表現來看，李雷似乎對自己還是有一些好感的，她估計李雷可能有 60% 左右的機率喜歡自己，即 *Pr*〔李雷喜歡韓梅梅〕＝ 60%。

　　突然有一天，韓梅梅收到了李雷發來的一段密文。「李雷是不是在跟我表白？」有了這樣的想法，韓梅梅會先入為主地猜一猜：密文所對應的明文是不是「我愛你」「我喜歡你」「在一起」等字樣？經過艱苦的破解，韓梅梅最終破解了李雷發來的密文，其對應的明文是 i love you。韓梅梅欣喜若狂地發現，李雷也是喜歡自己的！我們用另一個符號 Pr〔李雷喜歡韓梅梅 | 韓梅梅看到了密文〕來表示當韓梅梅看到李雷的密文後，「李雷喜歡韓梅梅」這個事件發生的機率。看到密文並成功破解後，韓梅梅確實知道李雷也喜歡自己，因此 Pr〔李雷喜歡韓梅梅 | 韓梅梅看到了密文〕= 100%。

　　雖然韓梅梅知道李雷喜歡自己是一件值得慶賀的事，但對於密碼學家來說，這可是一件很糟糕的事。密碼被破解了，李雷所發送的密文洩露了大量的資訊，使得從韓梅梅的角度看，李雷喜歡韓梅梅的機率從 60% 一下子上升到了 100%，這顯然是一個不安全的密碼。

　　什麼情況下密碼才是安全的呢？如果李雷發送給韓梅梅的密文極難破解，韓梅梅在看到密文後，無法得到任何有關「李雷喜歡韓梅梅」的資訊。這種情況下，雖然李雷給韓梅梅發送了一段密文，但是這段密文可能是表白，也可能是發好人卡。韓梅梅只能認為李雷仍然只有 60% 的機率喜歡自己，即 Pr〔李雷喜歡韓梅梅 | 韓梅梅看到了密文〕= 60%。

　　夏農認為，一個無法破解的密碼系統也應該滿足類似的條件。在收到密文之前，密碼破譯者可能對明文 m 的內容有一個直觀的猜測，猜測其可能等於某一目標明文 m_T，例如韓梅梅直觀地猜測明文 m 可能是「我喜歡你」。在收到密文 c 並嘗試破解後，密碼破譯者會認為明文 $m = m_T$ 的機率變高、變低或不變。如果密碼破譯者認為 $m = m_T$ 的機率變高了或變低了，則都意味著密文洩露了有關明文的一些資訊。例如，如果韓梅梅對密文進行破解，並成功得到了「愛」「喜歡」等部分詞語，認為明文為「我喜歡你」的機率提高了，則密文 c 就洩露了有關明文的一些資訊。反之，如果韓梅梅從密文中成功得到了「好人」「離開」等部

分詞語，認為明文為「我喜歡你」的機率降低了，這也意味著密文 c 洩露了有關明文的一些資訊。只有當密碼破譯者認為 $m = m_T$ 的機率不變時，才意味著密文沒有洩露有關明文的任何資訊。此時才能認為密文是安全的。用符號表示為，當

$$Pr\left[m = m_T \,|\, c\right] = Pr\left[m = m_T\right]$$

時，密文隱藏了明文的所有資訊。

什麼樣的密碼能滿足 $Pr\left[m = m_T \,|\, c\right] = Pr\left[m = m_T\right]$ 這個條件呢？只有當任意兩個明文 m、m' 的加密結果有相同的機率等於密文 c 時，才能滿足 $Pr\left[m = m_T \,|\, c\right] = Pr\left[m = m_T\right]$ 這個條件。例如，如果任意兩個明文「我喜歡你」/「我討厭你」、「在一起」/「分手吧」、「我愛你」/「好人卡」的加密結果有同等機率對應李雷發送給韓梅梅的密文，則韓梅梅在收到密文後，猜測李雷是否喜歡自己的機率就不會改變，密文就沒有洩露有關明文的任何資訊。嚴格來說，對於任意明文 m、m' 和任意密文 c，如果：

$$Pr\left[Encrypt\left(key, m\right) = c\right] = Pr\left[Encrypt\left(key, m'\right) = c\right]$$

則密文不會洩露有關明文的任何資訊，加密結果是安全的。

夏農在論文〈保密系統的通訊理論〉中，應用機率論嚴格描述了不可破解的密碼之定義，這個定義被稱為密碼的完備保密性。同樣應用機率論，夏農在論文中還嚴格證明了一次一密滿足完備保密性。

我們來看看一次一密的形式化定義，並證明其滿足完備保密性。固定一個整數 $l > 0$，明文空間 M、金鑰空間 K、密文空間 C 均為長度 l

位的位元串。在電腦理論中，一般用符號 $\{0, 1\}^l$ 表示長度為 l 的位元串。因此，$K = M = C = \{0, 1\}^l$。一次一密的金鑰生成演算法、加密演算法和解密演算法定義如下：

· $key \leftarrow KeyGen$（λ）從金鑰空間 $K = \{0, 1\}^l$ 中均勻隨機地選擇出一個位元串。所謂「均勻隨機地選擇」是指對於金鑰空間中所有 2^l 個可能的位元串，每一個位元串被選上的機率均為 2^{-l}。

· $c \leftarrow Encrypt$（key, m）：給定金鑰 $key \in \{0, 1\}^l$ 和明文 $m \in \{0, 1\}^l$，加密演算法輸出密文 $c \leftarrow m \oplus key$。

· $m \leftarrow Decrypt$（key, c）：給定金鑰 $key \in \{0, 1\}^l$ 和密文 $c \in \{0, 1\}^l$，解密演算法輸出明文 $m \leftarrow c \oplus key$。

請注意，加密演算法和解密演算法中用到了一個特殊的符號 $\oplus$，這個符號表示的是 3.3.2 節介紹的異或運算，也就是模數為 2 下的加法運算。只不過，這裡的異或運算指的是按位異或運算，也就是位元串中的每一個位元一對一地執行異或運算。例如，如果兩個位元串分別為 $a = a_1a_2\cdots a_l$、$b = b_1b_2\cdots b_l$，則 $a \oplus b = a_1 \oplus b_1\cdots a_l \oplus b_l$。如果仔細觀察異或運算的運算規則，就會發現對於任意金鑰 $key \in \{0, 1\}^l$ 和任意明文 $m \in \{0, 1\}^l$，都有：

$$m \oplus key \oplus key = m$$

因此，$Decrypt$（key, c）$= Decrypt$（$key, m \oplus key$）$= m \oplus key \oplus key = m$。這意味著如果密文和金鑰設置正確，則解密演算法可以正確解密

密文。

接下來證明一次一密滿足完備保密性，即證明對於任意明文 m、m'，任意密文 c 都滿足 $Pr\,[\,Encrypt\,(\,key,m\,)=c\,]=Pr\,[\,Encrypt\,(\,key,m'\,)=c\,]$。對於一次一密，有：

$$Pr\,[\,Encrypt\,(\,key,m\,)=c\,]=Pr\,[\,c=m\oplus key\,]=Pr\,[\,key=m\oplus c\,]$$

由於金鑰 key 是從金鑰空間中均勻隨機選取的，因此 $m\oplus c$ 等於 key 的機率為 2^{-l}。同理有：

$$Pr\,[\,Encrypt\,(\,key,m'\,)=c\,]=Pr\,[\,c=m'\oplus key\,]=Pr\,[\,key=m'\oplus c\,]$$
$$=2^{-l}$$

故 $Pr\,[\,Encrypt\,(\,key,m\,)=c\,]=Pr\,[\,Encrypt\,(\,key,m'\,)=c\,]$，一次一密滿足完備保密性要求。

4.1.4　完備保密性的缺陷與計算安全性

夏農在論文〈保密系統的通訊理論〉中不僅證明了一次一密滿足完備保密性，同時還證明了具有完備保密性的密碼中，金鑰必須具備三個條件：金鑰的選擇要完全隨機、金鑰不能重複使用、金鑰必須與明文一樣長。前兩個條件相對來說還比較容易實現，但是第三個條件實現起來可就有點困難了。金鑰是只有資訊發送方和資訊接收方才知道的祕密，因此資訊發送方和資訊接收方需要透過一種安全的通訊方法來約定金鑰。如果資訊發送方和接收方都能夠祕密傳輸一個與明文長度相等的金鑰了，那為何還需要對明文進行加密呢？直接把明文祕密傳輸過去不就

好了嗎？因此，一次一密的實際應用價值並不高，只有在比較特殊的場景下才會用到一次一密。

難道依據密碼的完備保密性，密碼學家無法建構出既安全又方便使用的加密方法嗎？也不盡然，只是需要換一個角度來考慮密碼的安全性。完備保密性要求從數學的角度看，任意兩個明文 m、m' 的加密結果有相同的機率等於密文 c。既然從數學角度看機率值都完全一樣，那麼就算是上帝來了也無法破解具有完備保密性的密碼了。在實際應用中，可能不需要一個連上帝都沒法破解的密碼，只要建構一個即使計算能力最強的人都「大致」認為任意兩個明文 m、m' 的加密結果等於密文 c 的機率完全一樣，好像就夠了。換句話說，如果計算能力最強的電腦都覺得任意兩個明文 m、m' 的加密結果有相同的機率等於密文 c，那麼該密碼就近似於具有完備保密性。這就是所謂的計算安全性。

對於任意明文 m、m'，任意密文 c，如果

$$Pr\left[\,Encrypt\,(\,key,m\,)=c\,\right]\approx_{p}Pr\left[\,Encrypt\,(\,key,m'\,)=c\,\right]$$

則稱該密碼具有計算安全性。與完備保密性的定義相比，計算安全性的定義中只有一個符號發生了改變，即兩個機率值之間的「＝」變成了「$\approx_{p}$」。電腦的計算能力最強能達到多少呢？按照圖靈對於圖靈機的定義，電腦最多能計算所謂多項式時間（Polynomial Time）內能解決的問題，並且電腦最多能有多項式儲存空間（Polynomial Storage）用來儲存資訊。實際上，約等於符號右下角的角標 p 所表示的意思正是多項式的英文「Polynomial」的首字母。總之，只要電腦在多項式時間內、應用多項式儲存空間後，仍然認為 $Pr\left[\,Encrypt\,(\,key,m\,)=c\,\right]\approx_{p}$

$Pr\left[\,Encrypt\left(\,key,\,m'\,\right)=c\,\right]$，則這個密碼在實際使用中就可以認為是安全的密碼。

4.1.5　實現計算安全性：DES 與 AES

現實中的確可以建構出很多滿足計算安全性的密碼，其中最著名的兩個就是資料加密標準（DES）和進階加密標準（AES）。

在 1970 年代之前，密碼學的研究一般都被軍方和特定的祕密機構所壟斷。除了在軍方和祕密機構工作的極少數人員外，大部分人只知道軍方和祕密機構會使用一種特殊的、讓人看不懂的方法進行通訊，但是對密碼學這門科學的了解極少。IBM 公司就屬於這樣的祕密機構。早在 1960 年代，IBM 公司就開啟了一項有關密碼學的研究專案。最初，帶領這個研究專案的首席科學家是菲斯特爾（Horst Feistel）博士。這個專案的研究成果為密碼學中具有里程碑意義的加密演算法：路西法密碼（LUCIFER）。到了 1970 年代初期，塔奇曼（Walter Tuchman）博士成為 IBM 公司密碼學研究專案的首席科學家，並繼續推動此專案。最後，這個研究專案促成了大量的學術論文、專利、密碼學演算法以及相關產品的問世。

1973 年 5 月 15 日，美國國家標準局（National Bureau of Standards，NBS）發布了一份聯邦公告，正式啟動資料加密標準的密碼演算法徵集計畫。這個密碼演算法徵集計畫的目的是不再讓軍方和各機構獨自研究自己的密碼演算法，而是建立一個統一的密碼演算法標準，這樣就可以大幅減少為了密碼演算法研究而投入的資金和人力開銷。然而，雖然軍方和各個祕密機構都對於建立這個密碼演算法標準表現出濃厚的興趣，

但是當時公開的密碼演算法實在是太少了，NBS 幾乎沒有收到任何一個可以作為密碼演算法標準的合格密碼。為此，NBS 求助於美國國家安全局（National Security Agency，NSA）。一旦 NBS 收到了候選密碼演算法，就請 NSA 協助對密碼演算法進行評估；如果長時間未收到候選密碼演算法，便由 NSA 協助設計並提供一個演算法，直接作為資料加密標準。

IBM 的密碼學專案研究組最終回應了 NBS 在 1974 年 8 月 27 日發起的第二份聯邦公告，將改進的路西法密碼演算法提交給了 NBS。NBS 隨後請 NSA 對該演算法進行評估，並與 IBM 協商，看能否將此演算法無版權化處理，使所有公司、組織、機構都可以免費獲取、使用和實現此演算法。1975 年 3 月 17 日，NBS 在聯邦公告中發布了兩份通知。第一份通知正式公開了改進的路西法密碼演算法，稱此演算法已經滿足了成為資料加密標準的所有要求。第二份通知包含了 IBM 公司的聲明，稱此演算法已經經過無版權化處理，無版權化協議自 1976 年 9 月 1 日起正式生效。1977 年 1 月 15 日，NBS 正式宣布此密碼演算法成為「資料加密標準」，這個演算法也因此被正式命名為 DES，即資料加密標準英文「Data Encryption Standard」的首字母縮寫。

DES 在密碼學歷史中占有非常重要的地位。時至今日，DES 仍然被認為是個設計精妙的密碼演算法。經過 30 年的深入研究，針對 DES 的最有效攻擊演算法仍然需要把所有金鑰都嘗試一遍。也就是說，破解 DES 唯一可行的方法基本上就是暴力猜測金鑰。

而 DES 之所以不再被認為是安全的密碼演算法，只是因為 DES 的金鑰長度只有 56 位元。選擇 56 位元這一特殊數字是有其歷史原因的。密碼演算法的設計不僅要求密碼演算法足夠安全，還需要保證密碼演算

法的加密和解密速度相對來說比較快。而在 1977 年，56 位元長度的金鑰可以較好地同時滿足加解密的速度要求和密碼演算法的安全性要求。在當時，要建構一台能在一天內破解 DES 的電腦，需要花費大約 2,000 萬美元。

為了檢驗 DES 的安全性，李維斯特、夏米爾、阿德曼組建的 RSA 實驗室發起了有關破解 DES 的挑戰計畫。這個挑戰計畫包含一系列用 DES 加密的密文，等待密碼學家對其進行破解。1997 年，一個被稱作 DESCHALL 的網路合作小組應用網路分散式運算的強大力量，花了 96 天的時間成功解決了 RSA 實驗室給出的第一個 DES 挑戰。41 天後，distributed.net 專案組成功解決了第二個 DES 挑戰。1998 年，電子前沿基金會（Electronic Frontier Foundation）花了 25 萬美元建構了一個專門用於破解 DES 的電腦「深度破解」（Deep Crack）。「深度破解」僅花了 56 小時便成功解決了第三個 DES 挑戰。1999 年，密碼學家結合了「深度破解」與 distributed.net 的 DES 破解思路，在 22 小時內攻破了 DES 挑戰。

隨著 DES 破解時間的不斷縮短，密碼學家迫切需要找到一個安全性更高的密碼演算法以取代 DES。為此，美國國家標準技術局（National Institute of Standards and Technology，NIST）於 1997 年 1 月 2 日啟動了尋找代替 DES 的密碼演算法徵集計畫。1997 年 9 月 12 日，NIST 將這個未來可以代替 DES 的密碼演算法預先命名為「進階加密標準」（Advanced Encryption Standard，AES）。為了避免版權問題，NIST 事先已經要求所徵集的演算法必須是可公開的、無版權化的、全世界通用的密碼演算法。考慮到影響 DES 安全性的最主要原因是金鑰長度過短，

同時希望此次徵集的演算法可以在長時間內為密碼學家所使用，NIST 進一步要求候選密碼演算法的金鑰長度支持 128 位元、192 位元、256 位元。

AES 密碼演算法的選擇經歷了很長一段時間。1998 年 8 月 20 日，NIST 召開了第一屆 AES 候選會議，並宣布已經收集到來自 12 個國家的 15 個候選演算法。1999 年 3 月召開了第二屆 AES 候選會議，從各個角度大致對這 15 個候選演算法進行了分析。1999 年 8 月，NIST 宣布從這 15 個候選演算法中選出了最終的 5 個候選演算法：

· IBM 公司設計的 MARS 密碼演算法；

· RSA 實驗室設計的 RC6 密碼演算法；

· 德門和賴伊曼設計的 Rijndael 密碼演算法；

· 安德森（Ross Anderson）、比哈姆（Eli Biham）和努森（Lars Knudsen）設計的 Serpent 密碼演算法；

· 施奈爾（Bruce Schneier）、凱爾西（John Kelsey）、弗格森（Niels Ferguson）等人設計的 Twofish 密碼演算法。

NIST 請求公眾對這五個最終候選演算法提出意見。隨後，密碼學家對這五個最終候選演算法進行了更深入的研究和分析，並在 2000 年 4 月舉行的第三屆 AES 候選會議上進行了詳細的討論。2000 年 5 月 15 日，NIST 停止接收公眾對五個候選演算法所提出的意見。2000 年 10 月，NIST 宣布了最終結果：這五個演算法都是優秀的密碼演算法，在這五個密碼演算法中都沒有找到嚴重的缺陷。綜合考慮效率、靈活性等因素，比利時密碼學家德門和賴伊曼設計的 Rijndael 密碼演算法成為最終的獲

勝者，Rijndael 密碼演算法也被正式更名為 AES 密碼演算法。

　　截至目前，密碼學家仍然沒有找到 AES 的任何缺陷。除非刻意使用特殊的金鑰，否則除了暴力猜測金鑰的全部可能外，仍然沒有更好的辦法破解 AES 密碼演算法。由於 AES 密碼演算法可以免費使用、經過標準化組織嚴格論述、密碼演算法性能優異、安全性極高，密碼學家認為 AES 密碼演算法是加密的不二選擇。

4.2　「給我保險箱，放好撞上門」：公開金鑰密碼

　　雖然密碼學家已經設計出了 DES 和 AES 等多種安全的密碼演算法，但在使用這些密碼演算法之前，資訊發送方和接收方都要解決一個很棘手的問題：金鑰協商問題（Key Agreement Problem）。

　　仍然以密碼保險箱為例。一個足夠安全的密碼保險箱似乎應該滿足如下兩個要求：（1）密碼保險箱和鎖都非常結實，如果沒有密碼或鑰匙，任何人都不能打開密碼保險箱；（2）鑰匙必須足夠複雜，除非得到了可以打開密碼保險箱的原始鑰匙，否則難以透過複製鑰匙來打開保險箱。

　　對應來看，DES 和 AES 等安全密碼演算法也滿足類似的兩個要求：（1）密碼演算法足夠安全，如果沒有金鑰，任何人都不能解密密文；（2）金鑰足夠長，除非得到了原始金鑰，否則猜出正確金鑰的機率極低。

　　按照這樣的安全要求，人們製作了很多安全的密碼保險箱，密碼保險箱對應的鑰匙也變得越來越複雜。相對地，密碼學家也設計了很多安全的密碼演算法，密碼演算法對應的金鑰長度也已經足夠長。為了設計方便，最初的保險箱有一個普遍的特徵：必須要用鑰匙來鎖保險箱。對於密碼保險箱來說，這似乎是一個挺不錯的性質：如果不用鑰匙鎖密碼保險箱的話，萬一不小心把鑰匙鎖在保險箱裡面，那麼包括本人在內的任何人都再也無法打開密碼保險箱了。強制用鑰匙鎖密碼保險箱，至少可以保證在上鎖的時候鑰匙還在手上。

　　雖然強制用鑰匙鎖密碼保險箱可能是個不錯的性質，但是對於密碼

演算法來說，需要用金鑰對資訊進行加密就帶來了一個很棘手的問題：如何讓資訊發送方和接收方在通訊之前得到一個相同的金鑰。在現實生活中，如果想讓兩個人拿到同一個密碼保險箱的鑰匙，僅有的辦法只有兩人共同購買保險箱，各自保管其中一把鑰匙。但在實際通訊過程中，通訊雙方在絕大多數情況下是很難相見的。如果想在這種條件下實現安全通訊，資訊發送方和接收方必須在無法見面的條件下得到一個只有雙方才知道的金鑰。如何解決這個問題呢？

4.2.1　信件安全傳遞問題

　　我們把上述問題抽象成日常生活中的一個問題。假設 Alice 和 Bob 為遠距戀愛的情侶。不過遺憾的是，Alice 和 Bob 所處的地理位置並沒有電力供應。Alice 和 Bob 只能在送信人 Eve 的幫助下，用互相傳遞信件的方式傳遞資訊。雖然送信人 Eve 很樂於為 Alice 和 Bob 傳遞信件，但是 Eve 的那顆八卦的心卻是防不勝防。在信件傳遞過程中，Alice 和 Bob 不希望送信人 Eve 知道兩人在信中所寫的內容。在這種條件下，該如何安全保密地傳遞信件呢？

　　在解答這個問題之前，先來了解一下參與方 Alice、Bob 和 Eve 的命名史。最初在描述密碼演算法時，密碼學家經常用英文字母 A 表示資訊發送方，英文字母 B 表示資訊接收方。因此，最初密碼演算法的描述風格大致如下：

　　A 要和 B 進行通訊。但在通訊之前，A 需要確定 B 是否真的知道金鑰 key。為此，A 向 B 發送一個隨機的位元串 m。B 在收到位元串 m 後，

用金鑰 key 對位元串 m 加密，並將加密結果 C 回傳給 A。如果 A 能夠對 C 成功解密並恢復出 m，則認為 B 已知金鑰 key。

　　這樣一段中文、英文字母、英文符號混雜的描述看起來冷冰冰的，一點都沒有人情味。為了讓密碼演算法的描述看起來更生動一點，密碼學家李維斯特在寫那篇著名的論文〈一種建構數位簽章和公開金鑰密碼學系統的方法〉時靈機一動，把 A 取名為 Alice、把 B 取名為 Bob。他把 A 設置為女性角色名、把 B 設置為男性角色名的原因並不是要用愛情故事來引入相關的密碼演算法，而是因為在文字描述中可以用英文中女性的「她」（she）來指稱 Alice，用英文中男性的「他」（he）來指稱 Bob，以避免指稱不清的問題。Alice 和 Bob 的初次登場，就是在論文〈一種建構數位簽章和公開金鑰密碼學系統的方法〉的第 2 頁，如圖 4.2 所示：

　　在我們的應用場景中，我們假定 A 和 B（也稱為 Alice 和 Bob）是公開金鑰密碼系統中的兩個使用者。

　　這篇論文掀起了使用 Alice 和 Bob 作為主角來解釋密碼演算法的熱潮。密碼學家陸續開始使用 Alice 和 Bob 這兩個生動的名字來代替 A 和 B。建構出和 AES 具有同等安全性的 Twofish 密碼演算法的知名密碼學家施奈爾也很喜歡 Alice 和 Bob 這兩個名字，並推崇用這種方法來描述密碼演算法。不僅如此，他在 1996 年所編著的書《應用密碼學》（*Applied Cryptography*）中又引入了新的名字。他在《應用密

The reader is encouraged to read Diffie and Hellman's excellent article [1] for further background, for elaboration of the concept of a public-key cryptosystem, and for a discussion of other problems in the area of cryptography. The ways in which a public-key cryptosystem can ensure privacy and enable "signatures" (described in Sections III and IV below) are also due to Diffie and Hellman.

For our scenarios we suppose that A and B (also known as Alice and Bob) are two users of a public-key cryptosystem. We will distinguish their encryption and decryption procedures with subscripts: E_A, D_A, E_B, D_B.

III. Privacy

Encryption is the standard means of rendering a communication private. The sender enciphers each message before transmitting it to the receiver. The receiver (but no unauthorized person) knows the appropriate deciphering function to apply to the received message to obtain the original message. An eavesdropper who hears the transmitted message hears only "garbage" (the ciphertext) which makes no sense to him since he does not know how to decrypt it.

Two users can also establish private communication over an insecure communications channel without consulting a public file. Each user sends his encryption key to the other. Afterwards all messages are enciphered with the encryption key of the recipient, as in the public-key system. An intruder listening in on the channel cannot decipher any messages, since it is not possible to derive the decryption keys from the encryption keys. (We assume that the intruder cannot modify or insert messages into the channel.) Ralph Merkle has developed another solution [5] to this problem.

A public-key cryptosystem can be used to "bootstrap" into a standard encryption scheme such as the NBS method. Once secure communications have been established, the first message transmitted can be a key to use in the NBS scheme to encode all following messages. This may be desirable if encryption with our method is slower than with the standard scheme. (The NBS scheme is probably somewhat faster if special-purpose hardware encryption devices are used; our scheme may be faster on a general-purpose computer since multiprecision arithmetic operations are simpler to implement than complicated bit manipulations.)

圖 4.2　Alice 和 Bob 登上密碼學的歷史舞台

碼學》第二章的最開始給出了一個所謂的「話劇演員表」（Dramatis Personae），給參演密碼演算法中的各個話劇角色都取了一個特定的名字。後來，密碼學家進一步對演員表進行了擴展。現今，較為完整的演員表如表 4.5 所示。把送信人叫作 Eve 的原因是送信人可以被看作是竊聽者（Eavesdropper）。

表 4.5　密碼演算法的話劇演員表

演員英文名	演員中文名	意義
Alice	愛麗絲	通訊過程中的第一位參與者
Bob	鮑伯	通訊過程中的第二位參與者
Carol	卡羅爾	通訊過程中的第三位參與者
Dave	戴夫	通訊過程中的第四位參與者
Eve	伊芙	竊聽者（Eavesdropper），她可以偷聽，但不能中途竄改資訊

演員英文名	演員中文名	意義
Isaac	艾薩克	網路服務提供者（Internet Service Provider）
Justin	賈斯汀	司法（Justice）機關
Mallory	馬洛里	惡意攻擊者（Malicious Attacker）
Oscar	奧斯卡	站在對立面（Opposite）的人，同樣為惡意攻擊者
Pat	派特	可以提供證明服務的證明者（Prover）
Steve	史蒂夫	具有隱寫術（Steganography）技術的參與者
Trent	特倫特	通訊中可以信賴的第三方仲裁者（Trusted Arbitrator）
Victor	維克多	驗證者（Verifier），與 Pat 一起證實某個事情是否已實際進行
Walter	沃特	看守人（Warder），保護 Alice 和 Bob
Zoe	佐伊	通訊過程中的最後一位參與者

　　回到前文的場景中。Alice 和 Bob 需要在 Eve 的幫助下互相傳遞信件。如何安全傳遞信件，防止 Eve 偷看呢？迄今為止，Alice 和 Bob 一共想出了三種基本方法，除了第一種方法從密碼學角度實現起來難度較大以外，其餘兩種方法都可以在實際中應用，並存在對應的密碼演算法。

　　第一種方法實際上非常簡單，這也是密碼學家最先想到的信件安全傳遞方法。傳遞方法如圖 4.3 所示。具體過程描述如下：

　　·Alice 去便利店買一個可以上鎖的保險箱。Alice 和 Bob 各自買一把鎖。為了表示方便，分別將兩把鎖命名為鎖 A 和鎖 B。

　　·Alice 在寫好信件後，把信件放在保險箱中，用鎖 A 將保險箱鎖住，並請 Eve 把保險箱傳給 Bob。注意此時保險箱被鎖 A 鎖住了。

　　·Bob 收到保險箱後，用鎖 B 再上一層鎖，並請 Eve 把保險箱傳回

給 Alice。注意此時保險箱上同時有鎖 A 和鎖 B。

　・Alice 收到保險箱後，用自己鎖的鑰匙將鎖 A 打開，並請 Eve 把保險箱再傳回給 Bob。注意此時保險箱上只有鎖 B 了。

　・Bob 收到保險箱後，用自己的鑰匙將鎖 B 打開，最終從保險箱中取出信件，閱讀 Alice 所寫的內容。

　　這樣送信估計會把 Eve 累死，不過為了保護私密的愛情信件，我們就讓 Eve 辛苦一下吧。

圖 4.3　透過同時上兩把鎖來安全傳遞信件

　　在信件傳遞的整個過程中，Alice 和 Bob 並不需要一起去買鎖，而是分別買自己的鎖，並且買一個能在一邊安裝上兩把鎖的保險箱即可。保險箱在整個傳遞過程中都處於上鎖狀態，而鎖只能由 Alice 或 Bob 用

自己的鑰匙打開。這樣一來，即使 Eve 對信件的內容很感興趣，如果保險箱和鎖足夠結實，Eve 便無法查看信件的內容。

這種信件傳遞方法理解起來似乎非常簡單，然而，如何在密碼學層面找到這樣一個保險箱卻讓密碼學家傷透了腦筋。實際上，密碼學家直到 2009 年才從密碼學層面找到了可以上兩把鎖的保險箱，建構這種特殊保險箱的工具叫作全同態加密（Fully Homomorphic Encryption）。全同態加密的設計與實現非常複雜。為了從密碼學角度實現信件的安全傳遞，密碼學家絞盡腦汁，終於想出了另外兩種方法。

4.2.2　狄菲—赫爾曼金鑰協商協定

2016 年 3 月 2 日，美國計算機協會（Association for Computing Machinery，ACM）宣布了 2015 年 ACM 圖靈獎的得主。ACM 圖靈獎被譽為是電腦科學領域的最高獎項，具有「電腦領域的諾貝爾獎」之稱。ACM 宣布，由於前昇陽電腦首席安全長狄菲（Whitfield Diffie）和史丹福大學電子工程系榮譽教授赫爾曼（Martin E. Hellman）在現代密碼學領域的重要貢獻，因此將 2015 年圖靈獎同時授予他們二人。在史丹福大學新聞網的相關報導中有如下一段話：

狄菲和赫爾曼在 1976 年的論文〈密碼學的新方向〉中提出了一個革命性的新技術，允許通訊雙方在不實現約定金鑰的條件下在公開的通道中實現安全通訊，任何潛在的竊聽者都無法獲知通訊雙方的任何資訊。這一新技術的提出震驚了學術界和產業界。他們稱這一新技術為「公開金鑰密碼學」。

在前文的例子中，Eve 有可能會偷看 Alice 和 Bob 的信件，傳遞的過程是不安全的。這種不安全的資訊傳輸方式就是所謂的公開信道。網際網路也有這樣的特點。在網路上，每一個人發送的資訊都會經過無數個無線網、路由器、交換機後最終到達目的地。在資訊傳輸過程中，無數攻擊者可能對其進行竊聽或截取。〈密碼學的新方向〉中所提出的「公開金鑰密碼學」正是第二種信件安全傳遞方式。

不過，在史丹福大學新聞網的報導中，還有這樣一句話：

在〈密碼學的新方向〉中，狄菲和赫爾曼展示了一種演算法，表明非對稱加密或公鑰加密是可行的。

之所以說狄菲和赫爾曼只是「展示了一種演算法」而不是「設計了一種加密演算法」，是因為在〈密碼學的新方向〉這篇論文中，他們並沒有提出任何一種具體的公鑰加密演算法，而是只給出了一個在公開信道中雙方可以協商一個金鑰的協議，稱為狄菲—赫爾曼金鑰協商協定（Diffie-Hellman Key Agreement Protocol）。這個金鑰協商協定不是加密演算法，但確實體現了公開金鑰加密的思想。

想必讀者們已等不及要知道狄菲和赫爾曼提出的究竟是何種精妙的演算法了。狄菲和赫爾曼所設計的信件安全傳遞方法如圖 4.4 所示。

協定描述如下：

‧Bob 去便利店買一個可以在兩邊上鎖的保險箱。

‧Alice 買一把鎖。為了表示方便，將 Alice 所購買的鎖命名為鎖 A。

圖 4.4 利用可兩邊上鎖的保險箱安全傳遞信件

Alice 用鎖 A 將保險箱的左邊鎖住，並請 Eve 把保險箱傳給 Bob。

・Bob 也買一把鎖。為了表示方便，將 Bob 所購買的鎖命名為鎖 B。收到保險箱後，Bob 用鎖 B 將保險箱的右邊鎖住，並請 Eve 把保險箱傳回給 Alice。

至此，金鑰協商過程結束。Alice 和 Bob 可以利用這個兩邊上鎖的保險箱傳遞信件：Bob 在信件上寫好內容後，用自己的鑰匙打開鎖 B，將信件放入保險箱，並請 Eve 把保險箱傳給 Alice；Alice 收到保險箱後，用自己的鑰匙打開鎖 A，就可以取出信件了。

與第一種信件傳遞方法相比，Alice 和 Bob 不需要找到一個能在一邊安裝上兩把鎖的保險箱，而是需要找到一個雙門保險箱。兩個門不同時處於開啟狀態，只需用不同的鎖打開不同的門，就可以放入或取出信件。

如何從密碼學的角度實現這樣的兩邊可以上鎖的保險箱呢？其方法非常簡單。如果已了解 3.3.4 節介紹的模數為質數 p 的同餘運算，並了解 3.3.5 節介紹的離散對數問題，就可以很好地理解狄菲—赫爾曼金鑰協商協定了。圖 4.5 給出了金鑰協商協定的具體流程。協定描述如下：

．Alice 和 Bob 約定一個很大的質數 p，以及模 p 下的生成元 g（兩個人購買可以兩邊上鎖的保險箱）。

．Alice 選擇一個小於 p 的祕密隨機數 a（Alice 購買鎖 A），計算 $A \equiv g^a \ (mod \ p)$（將保險箱的左邊鎖住），並把 A 發送給 Bob（Alice 請 Eve 將保險箱傳遞給 Bob）。

．Bob 選擇一個小於 p 的祕密隨機數 b（Bob 購買鎖 B），計算 $B \equiv g^b \ (mod \ p)$（將保險箱的右邊鎖住），並把 B 發送給 Alice（Bob 請 Eve 將保險箱傳遞給 Alice）。

．Alice 收到 B 後，計算 $key = B^a = (g^b)^a \equiv g^{ab} \ (mod \ p)$（Alice 得到兩邊上鎖的保險箱）。

．Bob 收到 A 後，計算 $key = A^b = (g^a)^b \equiv g^{ab} \ (mod \ p)$（Bob 得到兩邊上鎖的保險箱）。

．Alice 和 Bob 可以應用對稱加密來實現安全通訊（利用兩邊上鎖的保險箱傳 遞信件）。

整個過程中，Alice 向 Bob 發送了 A，Bob 向 Alice 發送了 B。所有計算都可以快速完成。

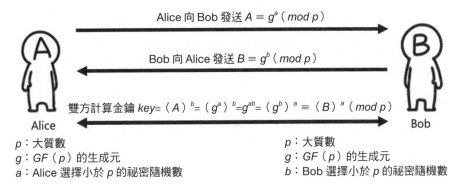

圖 4.5 狄菲—赫爾曼金鑰協商協定

　　狄菲—赫爾曼金鑰協商協定神奇的地方在於，金鑰協商過程中的所有參數 p、g、A、B 都可以透過公開信道傳遞。即使得到了 p、g、A、B，如果想要得到 key，Eve 至少需要根據 A、g 和質數 p 求解 $\log_g A$ 來得到未知數 a；或者根據 B、g 和質數 p 求解 $\log_g B$ 來得到未知數 b，最終計算得到 $key \equiv g^{ab}\ (mod\ p)$，從而打開保險箱。但是，要計算出 a 或 b 實際上要解決模數為質數 p 下的離散對數問題。3.3.5 節已經提過，離散對數問題是一個非常困難的問題，對於現有電腦來說，並不存在演算法可以快速地解決這個問題。因此，只要 Alice 和 Bob 選擇了足夠大的 p，竊聽者 Eve 就算看到了 Alice 和 Bob 發送的全部資訊，對於獲取金鑰 key 也無能為力。

　　是否能直接透過 p、g、A、B，在不計算得到未知數 a 或 b 的條件下直接恢復出金鑰 key？答案是否定的。事實上，給定 p、g、$A \equiv g^a\ (mod\ p)$、$B \equiv g^b\ (mod\ p)$，求 $g^{ab}\ (mod\ p)$ 的問題，在密碼學中稱為「計算狄菲—赫爾曼問題」（Computational Diffie–Hellman Problem，CDHP），這個問題幾乎和離散對數問題一樣困難。

　　狄菲—赫爾曼金鑰協商協定至今仍然被認為是安全的。當全球各地的人們瀏覽網路時，狄菲—赫爾曼金鑰協商協定便在背後默默地保護著資訊的安全。維基百科網站使用的就是狄菲—赫爾曼金鑰協商協定的變種，安全地將網頁資訊發送到我們的瀏覽器上。這個金鑰協商協定的變種稱為橢圓曲線狄菲—赫爾曼（Elliptic Curve Diffie-Hellman，ECDH）。如果如圖 4.6 所示，用 IE 瀏覽器訪問中文維基百科網站，點擊網址欄右側的「鎖型」按鈕，並點擊【查看證書】，就可以看到圖 4.7 所顯示的頁面。這就是「中文維基百科」的相關安全資訊。

圖 4.6　　中文維基百科網站安全資訊的查看方法

　　在安全資訊頁面中，「公鑰參數」一欄寫的是「ECDH_P256」。EC 就是「橢圓曲線」（Elliptic Curve）的首字母縮寫，DH 就是狄菲與赫爾曼姓名的首字母縮寫，後面的 P256 指的是使用了模數為 256 位的質數下的橢圓曲線。如果點擊「公鑰參數」，頁面下方就會顯示橢圓曲線狄菲—赫爾曼金鑰協商協定所使用的 256 位質數。如果於 2020 年 11 月再次訪問中文維基百科網站，則證書查詢結果如圖 4.8 所示。與 2017 年 10 月的證書相比，公鑰參數已經由「ECDH_P256」更換為「ECDSA_P256」，DSA 的全名是數位簽章演算法（Digital Signature Algorithm）。別著急，

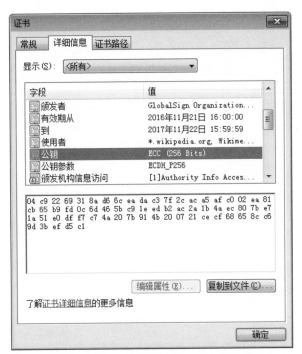

圖 4.7　中文維基百科網站的安全資訊

4.3 節我們就會介紹數位簽章演算法的概念。

4.2.3　狄菲與赫爾曼的好幫手默克

　　講到這裡，需要隆重推薦一位同樣為公開金鑰密碼學做出了突出貢獻，卻鮮為人知的天才密碼學家默克（Ralph Merkle）。為什麼要介紹他呢？如果閱讀論文〈密碼學的新方向〉，會發現在論文第 5 頁的結尾處有這樣一段話（如圖 4.9 所示）：

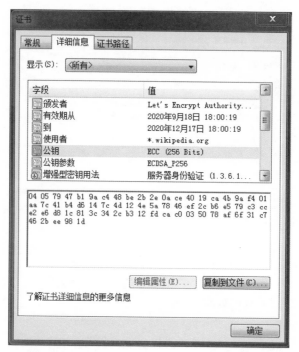

圖 4.8　2020 年 11 月中文維基百科網站證書

　　默克也已經獨立研究了在不安全通道上分發金鑰的問題。他的方法與本篇論文所介紹的方法有所不同，他所提出的方法可命名為公開金鑰分發系統。

　　而論文的引用標註是默克所寫的一篇論文〈在不安全通道中進行安全通訊〉（Secure Communication over an Insecure Channel）。如果進一步深挖下去，就會發現狄菲—赫爾曼金鑰協商協定存在對應的專利。專利的名稱為「密碼加密裝置和方法」（Cryptographic Apparatus and Method），對應的論文中包括了狄菲和赫爾曼所合寫的兩篇論文，其

pair from its outputs.

Given a system of this kind, the problem of key distribution is vastly simplified. Each user generates a pair of inverse transformations, *E* and *D*, at his terminal. The deciphering transformation *D* must be kept secret, but need never be communicated on any channel. The enciphering key *E* can be made public by placing it in a public directory along with the user's name and address. Anyone can then encrypt messages and send them to the user, but no one else can decipher messages intended for him. Public key cryptosystems can thus be regarded as *multiple access ciphers.*

It is crucial that the public file of enciphering keys be protected from unauthorized modification. This task is made easier by the public nature of the file. Read protection is unnecessary and, since the file is modified infrequently, elaborate write protection mechanisms can be economically employed.

A suggestive, although unfortunately useless, example of a public key cryptosystem is to encipher the plaintext, represented as a binary *n*-vector *m*, by multiplying it by an invertible binary $n \times n$ matrix *E*. The cryptogram thus

Essentially what is required is a one-way compiler: one which takes an easily understood program written in a high level language and translates it into an incomprehensible program in some machine language. The compiler is one-way because it must be feasible to do the compilation, but infeasible to reverse the process. Since efficiency in size of program and run time are not crucial in this application, such compilers may be possible if the structure of the machine language can be optimized to assist in the confusion.

Merkle [1] has independently studied the problem of distributing keys over an insecure channel. His approach is different from that of the public key cryptosystems suggested above, and will be termed a *public key distribution system.* The goal is for two users, *A* and *B*, to securely exchange a key over an insecure channel. This key is then used by both users in a normal cryptosystem for both enciphering and deciphering. Merkle has a solution whose cryptanalytic cost grows as n^2 where *n* is the cost to the legitimate users. Unfortunately the cost to the legitimate users of the system is as much in transmission time as in computation, because Merkle's protocol requires *n*

圖 4.9 〈密碼學的新方向〉論文中提到默克

中一篇就是〈密碼學的新方向〉。這個專利於 1977 年 9 月 6 日申請，1980 年 4 月 29 日獲批。而這個專利的「發明人」一欄除了狄菲與赫爾曼外，還包括默克，如圖 4.10 所示。

United States Patent [19]

Hellman et al.

[11] **4,200,770**

[45] **Apr. 29, 1980**

[54] **CRYPTOGRAPHIC APPARATUS AND METHOD**

[75] Inventors: **Martin E. Hellman**, Stanford; **Bailey W. Diffie**, Berkeley; **Ralph C. Merkle**, Palo Alto, all of Calif.

[73] Assignee: **Stanford University**, Palo Alto, Calif.

[21] Appl. No.: **830,754**

[22] Filed: **Sep. 6, 1977**

[51] Int. Cl.² H04L 9/04

[52] U.S. Cl. .... 178/22; 340/149 R; 375/2; 455/26

[58] Field of Search .... 178/22; 340/149 R

[56] **References Cited**

PUBLICATIONS

"New Directions in Cryptography", Diffie et al., *IEEE Transactions on Information Theory,* vol. IT-22, No. 6, Nov. 1976.

Diffie & Hellman, Multi-User Cryptographic Techniques", *AFIPS Conference Proceedings,* vol. 45, pp. 109-112, Jun. 8, 1976.

Primary Examiner—Howard A. Birmiel
Attorney, Agent, or Firm—Flehr, Hohbach, Test

[57] **ABSTRACT**

A cryptographic system transmits a computationally secure cryptogram over an insecure communication channel without prearrangement of a cipher key. A secure cipher key is generated by the conversers from transformations of exchanged transformed signals. The conversers each possess a secret signal and exchange an initial transformation of the secret signal with the other converser. The received transformation of the other converser's secret signal is again transformed with the receiving converser's secret signal to generate a secure cipher key. The transformations use non-secret operations that are easily performed but extremely difficult to invert. It is infeasible for an eavesdropper to invert the initial transformation to obtain either conversers' secret signal, or duplicate the latter transformation to obtain the secure cipher key.

8 Claims, 6 Drawing Figures

圖 4.10 狄菲—赫爾曼金鑰協商協定專利

　　難道說，狄菲—赫爾曼金鑰協商協定這個概念並不僅僅是狄菲和赫爾曼所提出的，還與這位叫默克的密碼學家有關嗎？如果真是如此，為什麼〈密碼學的新方向〉的作者名單中沒有默克的名字呢？默克和狄菲、赫爾曼究竟是什麼關係？

　　原來，默克在博士研究生階段一直在加州大學柏克萊分校研究電腦科學，並且分別在 1974 年和 1977 年獲得了學士和碩士學位。默克是一位密碼學天才，在絕大多數密碼學家深入研究對稱加密等領域時，默克早在 1974 年便已經提出了公開金鑰密碼學的思想：

　　在不安全的通訊通道中建立安全通訊機制。

　　默克在撰寫博士研究計畫時提出了兩個案子，第一案就是公開金鑰密碼學的思想。但是，這一思想遭到了他在加州大學柏克萊分校博士生導師的嚴厲反對。在瀏覽了默克所提出的思想後，這位博士生導師做出了如圖 4.11 的評論：

　　第二個案子看起來更合理一些，或許是因為你所描述的第一案實在是太糟糕了。今天找時間跟我聊一聊這些案子。

　　更遺憾的是，不僅默克的博士生導師不認可他的思想，當時世界上幾乎所有的密碼學家都表示不認同。狄菲與赫爾曼在〈密碼學的新方向〉中引用的論文正是默克在 1975 年投稿到知名的國際期刊《ACM 通訊》（*Communications of the ACM*）的論文〈在不安全通道中進行安全通訊〉。

> Project 2 looks more reasonable, maybe
> because your description, Project 1 is huddled
> terribly. Talk to me about these today.
>
> Ralph Merkle

C.S. 244
FALL 1974

Project Proposal

Topic: Establishing secure communications between seperate

secure sites over insecure communication lines.

圖 4.11　加州大學柏克萊分校博士生導師對默克的博士研究計畫的評價

Reply to:

Susan L. Graham
Computer Science Division - EECS
University of California, Berkeley
Berkeley, Ca. 94720

October 22, 1975

Mr. Ralph C. Merkle
2441 Haste St., #19
Berkeley, Ca. 94704

Dear Ralph:

Enclosed is a referee report by an experienced cryptography expert
on your manuscript "Secure Communications over Insecure Channels." On
the basis of this report I am unable to publish the manuscript in its
present form in the Communications of the ACM.

圖 4.12　1975 年《ACM 通訊》編輯發送給默克的退稿信

當初這篇論文曾被無情地退稿。編輯給出的最終意見如圖 4.12 所示。

具體意見為：

信中附上一位有經驗的密碼學家對你手稿〈在不安全通道中進行安
全通訊〉的評判報告。基於這份報告的內容，我無法在《ACM 通訊》
期刊上發表你當前提交的手稿。

　　由於博士研究計畫沒有得到博士生導師的認可，默克最終沒能在加州大學柏克萊分校獲得博士學位。正當他為此感到絕望時，一個鼓舞人心的消息傳來了——史丹福大學的兩位老師狄菲和赫爾曼也在思考著公開金鑰密碼學的思想。默克立即前往史丹福大學，順利成為赫爾曼的博士研究生，並與狄菲老師合作，繼續實踐自己的想法。

　　知名期刊《IEEE 資訊理論期刊》（*IEEE Transactions on Information Theory*）於 1976 年向狄菲與赫爾曼發出邀請，希望他們能撰寫一篇論文，介紹密碼學的最新研究進展。當時默克還僅僅是一名博士研究生，如此知名的期刊當然不會邀請默克寫文章了。於是，狄菲與赫爾曼作為名義上的撰稿人，最終在這個知名國際期刊上發表了〈密碼學的新方向〉這一劃時代的論文。在論文第一頁的題目下方也明顯標註「受邀論文」（Invited Paper）的字樣，如圖 4.13 所示。雖然文章的作者中最終並沒有出現默克的名字，但他的傑出貢獻終究為世人所矚目，他也因此獲得了密碼學最高獎勵的 RSA 獎。

644　　　　　IEEE TRANSACTIONS ON INFORMATION THEORY, VOL. IT-22, NO. 6, NOVEMBER 1976

New Directions in Cryptography

Invited Paper

WHITFIELD DIFFIE AND MARTIN E. HELLMAN, MEMBER, IEEE

圖 4.13　〈密碼學的新方向〉題目下方標註「受邀論文」

　　隨著 1976 年狄菲與赫爾曼這篇劃時代論文的發表，密碼學家才真正意識到公開金鑰密碼學這一創新技術的重要性。他們承認先前對於默克研究思想的評判是錯誤的。而《ACM 通訊》期刊也於 1978 年彌補了 1975 年所犯下的錯誤，正式接受了默克的論文〈在不安全通道中進行安

全通訊〉。唯一的不完美莫過於默克沒能與狄菲、赫爾曼二人共同登上 ACM 圖靈獎的領獎台，一同接受這份榮譽。他們為密碼學的進步所背負的壓力、所付出的努力將永遠銘記在人們心中。

4.2.4　撞門的保險箱：公開金鑰加密

狄菲—赫爾曼金鑰協商協定雖然允許 Alice 和 Bob 在公開信道上協商出一個金鑰，但這個協定在功能上存在一個嚴重的缺失：Alice 和 Bob 不能直接使用這個協定實現加密和解密的功能。如何對狄菲—赫爾曼金鑰協商協定進行修改，使得這個協定可以真正實現加密與解密呢？這便要引出第三種通訊方法了。

前文已經給出了兩種信件安全傳遞的方法：單邊上兩把鎖和兩邊各上一把鎖。第三種方法更加取巧。想像一下，家裡有人要外出，仍待在家裡的人常常會說「走的時候把門帶上（撞上）」。為了在確保安全性的同時簡化鎖門的步驟，人們進一步設計了無須鑰匙即可鎖住的門鎖，鎖門時直接把門撞上就可以離開了。只要把門撞好，門外的人沒有鑰匙同樣也打不開門鎖。基於這樣的思想，Alice 和 Bob 可以利用撞門的保險箱，即第三種方法實現信件的安全傳遞了。信件傳遞方法如圖 4.14 所示。

具體過程描述如下：

· Alice 去便利店買一個可以把門撞上的保險箱，透過 Eve 將打開狀態的保險箱傳遞給 Bob；

· Bob 收到 Alice 發來的保險箱後，將信件放入保險箱中，把保險

圖 4.14　利用可撞門的保險箱安全傳遞信件

箱的門撞上後，請 Eve 將保險箱傳回給 Alice（這裡 Bob 不小心把自己的鋼筆也寄給了 Alice）；

　‧Alice 收到 Bob 發來的保險箱後，用鑰匙打開保險箱，得到信件（以及鋼筆）。

　　第三種信件安全傳遞方法就是公開金鑰加密（即公鑰加密）。現在，我們用形式化的語言來定義一下公鑰加密。公鑰加密同樣應該包含三個演算法：金鑰生成演算法、加密演算法和解密演算法。與對稱加密不同，公鑰加密中的加密金鑰空間和解密金鑰空間並不相同，分別用符號 K_e 和 K_d 表示。同時，加密金鑰與解密金鑰也有所不同，一般稱加密金鑰為公鑰（Public Key），即可以公開的金鑰，符號用公鑰的英文「Public Key」的首字母 pk 表示；稱解密金鑰為私鑰（Secret Key），即祕密保留的金鑰，符號用私鑰的英文「Secret Key」的首字母 sk 表示。給定明

文空間 *M*、密文空間 *C*，加密金鑰空間 K_e、解密金鑰空間 K_d，公鑰加密的定義如下：

· (*pk*, *sk*) ← *KeyGen* (λ)。資訊接收方以安全常數 λ 作為輸入，輸出公鑰 *pk* ∈ K_e 和私鑰 *sk* ∈ K_d。金鑰 *pk* 公開，私鑰 *sk* 由資訊接收方祕密保留。

· *c* ← *Encrypt* (*pk*, *m*)。資訊發送方以公鑰 *pk* ∈ K_e 和明文 *m* ∈ *M* 作為輸入，輸出明文在公鑰下加密得到的密文 *c* ∈ *C*。

· *m* ← *Decrypt* (*sk*, *c*)。資訊接收方以私鑰 *sk* ∈ K_d 和密文 *c* ∈ *C* 作為輸入，輸出密文在私鑰下解密得到的明文 *m* ∈ *M*。

4.2.5　RSA 公鑰加密方案與 ElGamal 公鑰加密方案

如何實現公鑰加密呢？狄菲、赫爾曼與默克在模數為質數 *p* 的同餘運算下進行了艱苦的探索，但仍然沒有找到可行的方法。1976 年，來自麻省理工學院的三位年輕密碼學家李維斯特、夏米爾和阿德曼在公鑰密碼的建構方法上尋求突破。他們指出，可以利用 3.3.3 節介紹的模數為合數 *N* 來建構公鑰密碼方案，完整實現公鑰加密的功能。這個演算法後來就以他們三人姓氏的首字母組成，稱為 RSA 演算法。正由於提出了 RSA 公鑰密碼方案，李維斯特、夏米爾和阿德曼早在 2001 年便獲得了 ACM 圖靈獎，比狄菲和赫爾曼早了近十五年。

有關 RSA 公鑰密碼方案的設計還有一個有趣的故事。李維斯特和夏米爾主要負責設計密碼方案，阿德曼主要負責破解這兩人所設計的密碼方案。起初，阿德曼破解各個方案的速度很快，以致於李維斯特和夏

米爾一度開始懷疑狄菲和赫爾曼提出的公鑰密碼思想本身是有問題的。不過隨著他們所設計的方案愈加精妙，阿德曼破解的速度也變得越來越慢，雙方陷入了持續的焦灼狀態。李維斯特和夏米爾前前後後提出了多達 42 種不同的方案，但都被阿德曼破解。

　　最終的決勝發生在 1977 年 4 月，李維斯特在漫長的探究之後靈光乍現，建構出了一個讓阿德曼徹底認輸的方案，那就是 RSA 公鑰密碼方案。據稱，其實很早以前夏米爾就在一次滑雪期間想到了相同的方法，卻在滑完雪後忘了這個一閃而過的點子。所幸李維斯特最終也想到了相同的方案，否則現在這個公鑰密碼方案的名字可能就是 SRA 了。

　　言歸正傳，下面來形式化地描述一下 RSA 公鑰密碼方案。給定兩個大質數 p 和 q，明文空間 M 與密文空間 C 均為與 p 和 q 互質，但小於 N $= p \cdot q$ 的正整數。加密金鑰空間 K_e 和解密金鑰空間 K_d 均為與歐拉函數 $\varphi(N) = (p-1) \times (q-1)$ 互質，且小於 $\varphi(N)$ 的正整數*。RSA 公鑰加密方案的描述如圖 4.15 所示。

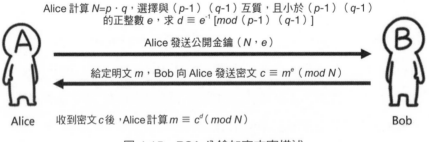

圖 4.15　RSA 公鑰加密方案描述

---

* 感興趣的讀者可以結合RSA演算法的描述進行思考，為何明文空間、密文空間、加密金鑰空間、解密金鑰空間會設置成此種形式。

方案描述如下：

· $(pk, sk) \leftarrow KeyGen (\lambda)$。選擇兩個大質數 p 和 q，並計算 $N = p \cdot q$。隨後，選擇一個與歐拉函數 $\varphi(N) = (p-1) \times (q-1)$ 互質、且小於 $\varphi(N)$ 的正整數 e，並計算 $d \equiv e^{-1} (mod\, \varphi(N))$。根據 3.3.3 節的介紹可知，如果 e 和 $\varphi(N)$ 互質，可以利用歐幾里德演算法快速找到模數為 $\varphi(N)$ 下 e 的倒數 d。公鑰為 $pk = (N, e)$，私鑰為 $sk = (N, d)$。

· $c \leftarrow Encrypt (pk, m)$。給定公鑰 $pk = (N, e)$ 和明文 m，計算並輸出 $c \equiv m^e (mod\, N)$。

· $m \leftarrow Decrypt (sk, c)$。給定私鑰 $sk = (N, d)$ 和密文 c，直接計算並輸出 $c^d = (m^e)^d = m^{e \cdot d} = m^{e \cdot e^{-1}} \equiv m (mod\, N)$。

由於 Alice 知道合數 N 的質因數 p 和 q，因此 Alice 很容易計算得到歐拉函數 $\varphi(N) = (p-1)(q-1)$，從而在任意選取 e 的條件下應用歐幾里德演算法計算得到 $d \equiv e^{-1} (mod\, \varphi(N))$。然而，即使得到了公鑰 (N, e)，由於很難對較大的合數 N 進行質因數分解，竊聽者 Eve 無法計算得到 $\varphi(N) = (p-1)(q-1)$，因此也就無法應用歐幾里德演算法計算得到私鑰 d，進而無法對密文進行解密，得到明文 m。

大家可能有一個疑問：竊聽者 Eve 只能透過對大合數 N 進行質因數分解後求 $\varphi(N) = (p-1)(q-1)$ 的方法來計算得到私鑰 d，從密文中恢復出明文 m 嗎？是否存在某些投機取巧的方法，在未知私鑰 d 的條件下從密文中恢復出明文 m？很遺憾，目前看來並不存在這樣的方

法。密碼學家經過三十多年的研究後認為，只要各個參數的選擇得當，在未知私鑰 d 的條件下從密文中恢復出明文 m 的難度，與對大合數 N 進行質因數分解幾乎一樣難。

那麼，真的不能基於狄菲—赫爾曼金鑰交換協定來建構公鑰加密方案嗎？狄菲、赫爾曼和默克只需要再突破一點點就能建構出公鑰加密方案了。然而，在科學研究中，哪怕是這樣一點點的突破都是極困難的。事實上，直到 1984 年，密碼學家艾爾蓋默（Taher Elgamal）才改進了狄菲—赫爾曼金鑰協商協定，使它成為公鑰加密方案。直觀來說，艾爾蓋默對於狄菲—赫爾曼金鑰協商協定的改進思路非常簡單。Alice 仍然購買一個兩邊都能上鎖的保險箱，只不過 Alice 把一邊裝好鎖後就透過 Eve 送給 Bob，Bob 在放置信件的時候臨時買一把鎖裝上。艾爾蓋默公鑰加密方案的描述如圖 4.16 所示。

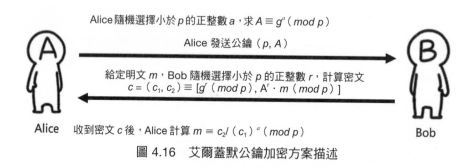

Alice 隨機選擇小於 p 的正整數 a，求 $A \equiv g^a \ (mod\ p)$

Alice 發送公鑰（p, A）

給定明文 m，Bob 隨機選擇小於 p 的正整數 r，計算密文
$c = (c_1, c_2) \equiv [g^r \ (mod\ p), A^r \cdot m \ (mod\ p)]$

收到密文 c 後，Alice 計算 $m \equiv c_2 / (c_1)^a \ (mod\ p)$

圖 4.16　艾爾蓋默公鑰加密方案描述

方案描述如下：

· （pk, sk）← $KeyGen$（λ）。選定一個很大的質數 p，以及模 p 下

的生成元 g（購買可以兩邊上鎖的保險箱）。選擇一個小於 p 的祕密隨機數 a（購買鎖 A），計算 $A \equiv g^a \pmod{p}$（將保險箱的左邊鎖住）。公鑰為 $pk = (p, A)$，私鑰為 $sk = (p, a)$。

　　$\cdot\ c \leftarrow Encrypt(pk, m)$。給定明文 m，選擇一個小於 p 的祕密隨機數 r（購買臨時鎖），計算 $c_2 \equiv A^r \cdot m \pmod{p}$（在保險箱中放入信件），$c_1 \equiv g^r \pmod{p}$（將保險箱的右邊鎖住）。密文為 $c = (c_1, c_2)$。

　　$\cdot\ m \leftarrow Decrypt(sk, c)$。給定私鑰 $sk = (p, a)$ 和密文 $c = (c_1, c_2)$，直接計算並輸出 $\dfrac{c_2}{(c_1)^a} = \dfrac{A^r \cdot m}{(g^r)^a} = \dfrac{g^{ar} \cdot m}{g^{ra}} \equiv m \pmod{p}$

　　遺憾的是，狄菲、赫爾曼、默克並沒有想到這樣的公鑰加密方案建構方法，他們的圖靈獎也比李維斯特、夏米爾、阿德曼的圖靈獎晚了將近十五年。

4.3 「鑰匙防調包，本人簽個字」：數位簽章

狄菲—赫爾曼金鑰協商協定以及 RSA 公鑰密碼方案似乎已經解決了 Alice 和 Bob 在公開信道上建立安全連接的問題，可以透過送信人 Eve 安全地傳遞信件了。然而，故事還沒有結束。一段時間後，幫助傳遞信件的送信人 Eve 因為個人原因辭職了。Alice 和 Bob 迫不得已找來了一個新的送信人 Mallory。與 Eve 不同，這個送信人 Mallory 是一個數學天才，常人看來很難解決的數學問題對他來說都是小菜一碟。當然了，劇情要求 Mallory 也是一個非常八卦的送信人，特別喜歡偷看別人的祕密。

與先前 Eve 負責送信的時候一樣，Alice 和 Bob 先是利用第二種方法，即保險箱兩邊分別上鎖的方法來傳遞信件。然而一段時間後，Alice 和 Bob 發現事情不太對勁，似乎收到的信件有被別人閱讀過的痕跡。同時，他們還發現似乎送信人 Mallory 知道很多他們只在信裡提到的事情。Mallory 在給 Alice 送信時會稱呼 Alice 為「小 A」，而「小 A」正是 Bob 稱呼 Alice 的暱稱。Mallory 甚至知道只有 Alice 和 Bob 才知道的一個私密博客的連結。察覺到事有蹊蹺，Alice 和 Bob 開始懷疑第二種方法很可能存在未知的安全風險，於是決定使用第三種方法，即撞門保險箱的方法來傳遞信件。然而這一改進方法並沒有奏效，八卦的 Mallory 仍然在不斷偷看 Alice 和 Bob 的信件。這是怎麼回事？

4.3.1 威力十足的中間人攻擊

　　經過嚴肅的交涉，Mallory 終於向 Alice 和 Bob 坦承了他的攻擊方法。注意，在第二種信件傳遞方法中，Alice 無法判斷另一邊的鎖到底是不是屬於 Bob；同理，Bob 也無法判斷另一邊的鎖到底是不是屬於 Alice。Mallory 就是利用這一點對第二種信件傳遞方法發起攻擊。整個攻擊過程如圖 4.17 所示。

圖 4.17　Mallory 從兩邊上鎖的保險箱中得到信件的方法

　　攻擊過程描述如下：

　　· Mallory 同樣到便利店購買一個相同的保險箱，並再購買兩把鎖：鎖 A_M 和鎖 B_M；

　　· 當 Alice 把左邊裝上鎖 A 的保險箱交給 Mallory 後，Mallory 在這個保險箱的右側裝上鎖 B_M，從而得到了一個左側裝有鎖 A，右側裝有鎖

B_M 的保險箱。為描述方便，把這個裝有鎖 A 和鎖 B_M 的保險箱命名為保險箱 AM；

 ・Mallory 在自己購買的保險箱左側裝上鎖 A_M，並把這個保險箱傳遞給 Bob；

 ・當 Bob 把右邊裝上鎖 B 的保險箱交給 Mallory 後，Mallory 又得到了一個左側裝有鎖 A_M，右側裝有鎖 B 的保險箱。為描述方便，把這個裝有鎖 A_M 和鎖 B 的保險箱命名為保險箱 BM；

隨後，Alice 和 Bob 就應該利用保險箱互相傳遞信件了。Alice 和 Bob 以為他們在使用同一個保險箱傳遞信件，但事實並非如此。事實上：

 ・Alice 與 Mallory 建構了保險箱 AM；
 ・Bob 與 Mallory 建構了保險箱 BM。

每當 Alice 向 Bob 傳遞信件時，由於 Mallory 擁有保險箱 AM 上的鑰匙，因此 Mallory 可以打開保險箱，取出並閱讀信件。同時，由於 Mallory 擁有保險箱 BM 上的鑰匙，因此 Mallory 可以在閱讀完信件後，再把信件放到保險箱 BM 中，並傳遞給 Bob。這樣一來，信件傳遞過程仍然可以正常進行。從 Alice 和 Bob 的角度觀察，信件傳遞過程沒有出現任何問題。但是 Mallory 成功閱讀了信件，整個信件傳遞過程變得不安全了。

那麼，Mallory 又是如何實現對第三種信件傳遞方法的攻擊呢？同樣地，注意到在第三種信件傳遞方法中，Bob 是無法得知傳遞來的保險

箱究竟是不是 Alice 所購買的。Mallory 利用了這一點對第三種信件傳遞方法發起攻擊。整個攻擊過程如圖 4.18 所示。

圖 4.18　Mallory 從撞門的保險箱中得到信件的方法

攻擊過程描述如下：

．Mallory 同樣到便利店購買一個相同的撞門保險箱；

．當 Alice 把自己的撞門保險箱交給 Mallory 後，Mallory 直接把自己購買的撞門保險箱傳遞給 Bob；

．當 Bob 把裝好信件的保險箱交給 Mallory 後，Mallory 用自己的鑰匙打開保險箱，取出並閱讀信件。閱讀完畢後，Mallory 把信件放進 Alice 的撞門保險箱，撞上門後把保險箱傳回給 Alice。

透過這種方式，信件傳遞過程同樣可以正常進行，但 Alice 和 Bob

無法阻止 Mallory 偷看他們的信件。

在密碼學中,這種方式是攻擊者常用的一種攻擊手段,其核心是讓攻擊者成為資訊發送方和資訊接收方之間的中間人,因此這種攻擊方式被稱為中間人攻擊(Man-In-The-Middle Attack,MITM)。當 Alice 和 Bob 通信時,所有資訊都被 Mallory 轉發。實施攻擊後,Alice 和 Bob 認為他們之間在直接通信,但實際上 Mallory 成為通信的「轉發器」。與 Eve 只能竊聽通信資訊相比,Mallory 的攻擊手段更進一步:他不僅可以竊聽 Alice 和 Bob 的通信資訊,還可以對通信資訊進行篡改後再發送給對方。因此,Mallory 可以將惡意資訊傳遞給 Alice 和 Bob,以達到進一步的攻擊目的。在網路上,特別是網路銀行等電子交易中,中間人攻擊一般被認為是最有威脅、並且最具破壞性的攻擊方法。

4.3.2 防止鑰匙或保險箱調包的數位簽章

如何防止保險箱被 Mallory 調包,抵禦中間人攻擊呢?回想 Mallory 的攻擊手段,就會注意到實施這種攻擊方法的本質原因是,Alice 和 Bob 沒辦法知道保險箱或鎖究竟是 Alice 和 Bob 自己的,還是 Mallory 的。能否找到一種方法,幫助 Alice 和 Bob 準確識別出保險箱或鎖是屬於自己的,而非 Mallory 惡意替換的呢?

解決這個問題的思路非常簡單。日常生活中人們經常會在合約、協議、申請書等文件上面簽名,表明本人已經閱讀並同意文件上的內容。簽字具有法律效力:有經驗的筆跡學家可以準確識別出文件上的簽名是否出自本人之手,因此只要文件上出現了某人的親筆簽名,就能證明這份文件已經得到了本人的認可。既然 Alice 和 Bob 一直使用信件交流,

兩個人對對方的筆跡也很熟悉了。如果 Alice 和 Bob 可以在鎖上或者保險箱上簽個名，由於 Mallory 沒辦法偽造 Alice 或 Bob 的簽名，則只要能夠驗證鎖或保險箱上的簽名是由 Alice 或 Bob 本人所為，就可以判斷鎖或保險箱是屬於對方的，未被 Mallory 惡意替換。

利用這個想法，Alice 和 Bob 找到了一個改進版的安全信件傳遞方法。整個信件傳遞過程如圖 4.19 所示。

圖 4.19 利用手寫簽名抵禦中間人攻擊

具體過程描述如下：

· Alice 不僅去便利店買一個可以把門撞上的保險箱，還要買一台「立可拍」相機，以及一支能在照片上寫字的黑色筆。Alice 給購買的保險箱拍一張照片，上面可以顯示保險箱的序號等資訊，並在照片上簽字。

· Alice 用非常結實的膠水把簽好字的照片貼在保險箱上。Alice 透

過 Mallory 將打開狀態的保險箱傳遞給 Bob。

　‧Bob 收到 Alice 發來的保險箱後，首先確認照片上的序號是否能與保險箱上的序號對應起來，隨後確認照片上的簽名是否是 Alice 本人的。如果兩個條件都滿足，Bob 才會將信件放入保險箱中，把保險箱的門撞上後，透過 Mallory 將保險箱傳回給 Alice。

　‧Alice 收到 Bob 發來的保險箱後，用鑰匙打開保險箱，得到信件。

　　這樣一來，八卦的 Mallory 也無計可施了。如圖 4.20 所示，由於 Bob 在收到保險箱時會先檢查照片上的序號和簽名，如果 Mallory 仍然實施中間人攻擊，Bob 在收到保險箱時或者會發現照片上的序號不正確，或者會發現照片上的簽名不是 Alice 的筆跡。此時 Bob 便有理由懷疑 Mallory 送來的保險箱是否真的來自 Alice，從而拒絕把信件放進保險箱中。這樣一來，Mallory 的攻擊方法就失效了，Alice 和 Bob 又可以愉快地傳遞信件了。

圖 4.20　Alice 對保險箱簽名後，Mallory 無法實施中間人攻擊

　　密碼學中也有與手寫簽名對應的密碼演算法，這個演算法的名稱就叫作數位簽章（Digital Signature）。應用手寫簽名時，人們會事先確定一種自己獨特的簽名方式，隨後進行簽名，他人也方便對其簽名進行驗證。同樣地，數位簽章也包含三個演算法：金鑰生成演算法、簽名演算法和驗證演算法。待簽名的資訊被稱為訊息（Message），對應的空間為訊息空間（Message Space），同樣以符號 M 表示。簽名後的資訊被稱為簽名（Signature），對應的空間為簽名空間（Signature Space），一般由符號 Σ 表示。數位簽章同樣包含兩個金鑰。不過與公鑰加密不同，數位簽章的兩個金鑰分別叫作簽名金鑰（Signature Key）和驗證金鑰（Verification Key），所對應的金鑰空間分別叫作簽名金鑰空間（Signature Key Space）和驗證金鑰空間（Verification Key Space），分別用符號 K_s 和 K_v 表示。給定訊息空間 M、簽名空間 Σ、簽名金鑰空間 K_s、驗證金鑰空間 K_v，數位簽章的定義如下：

　　·金鑰生成演算法：$(vk, sk) \leftarrow KeyGen(\lambda)$。簽名方以安全常數 λ 作為輸入，輸出驗證金鑰 $vk \in K_v$ 和簽名金鑰 $sk \in K_s$。驗證金鑰 vk 公開，簽名金鑰 sk 由簽名方祕密保留。

　　·簽名演算法：$\sigma \leftarrow Sign(sk, m)$。簽名方以簽名金鑰 $sk \in K_s$ 和訊息 $m \in M$ 作為輸入，輸出訊息在簽名金鑰下得到的簽名 $\sigma \in \Sigma$。

　　·驗證演算法：$\{0, 1\} \leftarrow Verify(vk, m, \sigma)$。驗證方以驗證金鑰 $vk \in K_v$、訊息 $m \in M$ 和簽名 $\sigma \in \Sigma$ 作為輸入，如果簽名可以通過驗證，驗證演算法輸出 1，表示驗證通過。否則，驗證演算法輸出 0，表示驗證不通過。

　　數位簽章需要滿足的安全要求是：在沒有私鑰的條件下，攻擊者不應該能夠偽造簽名。也就是說，在只知道公鑰、不知道私鑰的條件下，攻擊者無法對某個訊息 m 建構一個可以通過驗證演算法驗證的簽名 σ。如果能夠做到這一點，就可以保證除了擁有私鑰的本人以外，任何人都無法計算得到可以通過驗證演算法驗證的簽名，這就可以保證簽名一定出自本人之手。數位簽章的這一安全性要求被稱為不可偽造性（Unforgeability）。只有滿足不可偽造性的數位簽章方案才被認為是安全的數位簽章方案。

4.3.3　RSA 數位簽章方案

　　那麼，具體上應該如何建構數位簽章方案呢？李維斯特、夏米爾和阿德曼的想法非常簡單：把 RSA 公鑰加密方案中的 e 和 d 交換位置不就可以了嗎？把 RSA 公鑰加密中的公鑰 e 作為驗證金鑰，把私鑰 d 作為簽名金鑰。驗證簽名時，如果「解密」結果等於原始訊息，就認為簽名驗證通過，否則認為簽名驗證不通過。這便是 RSA 數位簽章方案，其具體描述如下：

　　· $(pk, sk) \leftarrow KeyGen(\lambda)$。與 RSA 公鑰加密幾乎完全一致，只不過現在驗證金鑰為 $vk = (N, e)$，簽名金鑰為 $sk = (N, d)$。

　　· $\sigma \leftarrow \text{Sign}(sk, m)$。給定明文 m 和簽名金鑰 $sk = (N, d)$，直接計算並輸出 $\sigma \equiv m^d \pmod{N}$。

　　· $\{0, 1\} \leftarrow Verify(vk, m, \sigma)$。給定驗證金鑰 $vk = (N, e)$、訊息 m 和簽名 σ，驗證 $\sigma^e \equiv m \pmod{N}$。如果相等，則輸出 1，表示簽名驗

證通過；否則輸出 0，表示簽名驗證不通過。

　　RSA 數位簽章方案的正確性很容易驗證，在此就不贅述了。RSA 數位簽章方案是否滿足不可偽造性？直觀來看，給定某個訊息 m，如果想建構一個能通過驗證演算法驗證的簽名 σ，攻擊者必須要計算出 $\sigma \equiv m^d \,(mod\,N)$，才能保證校驗等式 $\sigma^e \equiv m \,(mod\,N)$ 成立。到目前為止，在未知 d、或無法對合數 N 進行質因數分解的條件下，密碼學家仍然找不到能夠計算得到 $m^d \,(mod\,N)$ 的方法。因此，直觀上看 RSA 數位簽章方案滿足不可偽造性。然而，在特定條件下還是有方法偽造 RSA 數位簽章。不過，只需要對 RSA 數位簽章方案進行簡單的修改，就可以從理論上證明修改後的 RSA 數位簽章滿足不可偽造性＊。

　　比較 RSA 公鑰加密方案和 RSA 數位簽章方案，會發現兩個方案的演算法描述實在是太像了！RSA 公鑰加密方案本身就滿足一定的對稱性：就算在實際應用中不小心把 RSA 公鑰加密方案的公鑰 e 和私鑰 d 設置反了，加密方案似乎也能很好地執行。正是出於這個原因，不少密碼學初學者會把 RSA 公鑰加密方案和 RSA 數位簽章方案弄混，或者提出像這樣的問題：RSA 的公鑰和私鑰到底哪個是用來加密，哪個是用來解密？實際上，應該從公鑰加密、數位簽章的定義出發來考慮這個問題：

　　・在公鑰加密中，公鑰用於明文加密，私鑰用於密文解密。直觀理解為：公鑰是公開的金鑰，所有人都可以用公開金鑰來加密明文；私鑰

＊　修改方法為在簽名前使用一個被稱為雜湊函數（Hash Function）的密碼學工具，計算訊息 m 的雜湊結果，並對雜湊結果簽名。

是私有的金鑰，只有有私鑰的人才能夠解密密文。如果用公開的公鑰解密密文，也就意味著所有人都可以解密密文了，整個體系就亂了。

· 在數位簽章中，私鑰（也就是簽名金鑰）用於訊息簽名，公鑰（也就是驗證金鑰）用於簽名驗證。直觀理解為：簽名時希望只有自己才能簽名，他人無法仿寫，因此要用私有的簽名金鑰完成簽名；驗證時希望所有人都能驗證簽名的有效性，因此要用公開的驗證金鑰完成簽名的驗證。

在瀏覽網頁時，RSA 公鑰加密方案與數位簽章方案也在默默地保護著資訊的安全。當訪問知乎時，知乎就在使用 RSA 公鑰加密方案和數位簽章方案。其中，RSA 數位簽章方案用於向用戶證明所訪問的網站的確是知乎網站真身，而 RSA 公鑰加密方案則用於將網站中的內容加密後發送到瀏覽器上。同樣用 IE 瀏覽器訪問知乎網站，可以查看網站的安全資訊頁面，即證書頁面，如圖 4.21 所示。

在證書頁面中，「公鑰」一欄寫的是「RSA（1024 Bits）」，表示知乎在使用公鑰長度為 1024 位的 RSA 數位簽章方案。如果點擊「公鑰」，頁面下方就會顯示公鑰資訊。同時，「簽名算法」一欄寫的是「sha256RSA」，其中 RSA 表示知乎應用 RSA 數位簽章方案作為簽名演算法，而 sha256 的全名為 256 位安全雜湊演算法（Secure Hash Algorithm 256）。所謂的「雜湊函數」，直觀的解釋就是給保險箱拍照所用的相機的名稱。這裡就不對雜湊函數進行詳細介紹了。

如果於 2020 年 11 月查看知乎網站的證書，則查詢結果如圖 4.22 所示。在證書頁面中，「公鑰」一欄已經從之前的「RSA（1024 Bits）」

圖 4.21　知乎網站的安全資訊

變為「RSA（2048 Bits）」，表示知乎現在使用的是公鑰長度為 2048 位
的 RSA 數位簽章方案。值得注意的是，知乎網站證書的有效期到 2020
年 12 月 24 日 20 時為止。相信讀者後續訪問知乎網站時，相應的證書
應該已經再次更新。

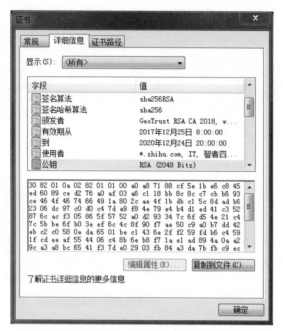

圖 4.22　2020 年 11 月知乎網站證書

4.4 RSA 的破解之道

了解了 RSA 公鑰加密方案和 RSA 數位簽章方案後，可能有人會認為 RSA 的相關密碼方案不難理解，而且足夠安全。事實也的確如此，如果參數設置正確，可以從理論上嚴格證明 RSA 公鑰加密方案和 RSA 數位簽章方案的安全性。但是，RSA 密碼中蘊含了較深的數學和密碼學理論，如果不深入了解原理的話，在應用 RSA 密碼時還是會出現很多意想不到的安全問題。

我們先來看一個簡單而有趣的例子。2012 年 2 月，倫斯特拉（Arjen K. Lenstra）、休斯（James P. Hughes）、奧吉埃（Maxime Augier）等六位密碼學家聯合發表了一篇名為〈李維斯特是錯的，狄菲才是對的〉（Ron Was Wrong, Whit Is Right）的論文。在這篇論文中，六位密碼學家提出了一個很暴力、很簡單，但可以有效破解 RSA 密碼的方法。前文我們曾提到，只要能解決大整數分解問題，破解 RSA 密碼便易如反掌。既然現在人們已經開始使用 512 位元長度的質數作為 RSA 密碼中的質數了，是否可以把所有 512 位元長度的質數都列舉出來？當得到一個 RSA 密碼中的合數後，就試一試這個合數能不能被列舉出來的所有質數整除。如果能夠整除，就很快得到了合數分解後的其中一個質因數，這個 RSA 密碼也就不安全了。

這六位密碼學家實際使用的攻擊方法更加直接。他們在網上收集了幾百萬個 RSA 所使用的合數，依次使用歐幾里德演算法求解合數之間的最大公因數。在大多數情況下，所得到的最大公因數都會是 1，此時的

RSA 密碼是安全的。但是，最大公因數有一定的機率並不是 1，而是一個大質數。如果 RSA 密碼中兩個合數求最大公因數的結果不是 1，則意味著這兩個合數的形式為 $N_1 = p \times q$，而 $N_2 = p \times r$，也就是說兩個合數中包含了相同的質因數 p，而所求得的最大公因數正是 p，如圖 4.23 所示。經過實驗，六位密碼學家發現所收集的合數中，有大約 1.2% 的合數可透過上述攻擊實現質因數分解，從而破解對應的 RSA 密碼。

　　由此可見，即使小心謹慎地使用 RSA 密碼，密碼破譯者還是可以見縫插針地找到一些旁門左道的方法，實現對 RSA 密碼的攻擊。那麼，還存在哪些問題，會使得對應的 RSA 密碼容易遭到攻擊呢？下面我們就來簡單了解一下可能的攻擊方式。

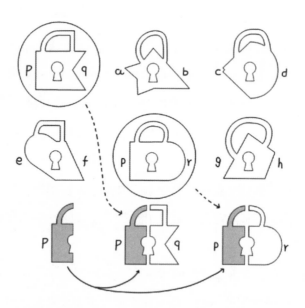

圖 4.23　RSA 中的參數可看成由兩個質數拼成的鎖，質數一樣的話就能把鎖拆開

4.4.1　質數選得足夠大，合數的質因數分解難度並不一定大

即使一個合數的確是由兩個很大的質數相乘得來，也不一定意味著很難對該合數進行質因數分解。數學家和密碼學家經過艱苦的努力，得到了下面幾個結論：

· （1978 年證明）如果 $p-1$ 或者 $q-1$ 沒有較大的質因數，則對合數 N 進行質因數分解相對比較容易；

· （1981 年證明）如果 $p+1$ 或者 $q+1$ 沒有較大的質因數，則對合數 N 進行質因數分解相對比較容易；

· （1982 年證明）如果 $p-1$ 或者 $q-1$ 中最大的質因數是 p 或 q，且 $p-1$ 或 $q-1$ 沒有較大的質因數，則對合數 N 進行質因數分解相對比較容易；

· （1984 年證明）如果 $p+1$ 或者 $q+1$ 中最大的質因數是 p 或 q，且 $p-1$ 或 $q-1$ 沒有較大的質因數，則對合數 N 進行質因數分解相對比較容易。

簡直和繞口令差不多。還是來看一個比較容易理解的例子吧。1996年，IBM 研究院的密碼學家科珀史密斯（Don Coppersmith）證明了這樣一個結論：如果合數 N 的質因數 p 和 q 離得特別近，則對合數 N 進行質因數分解相對比較容易。

為什麼會比較容易呢？假定合數 N 中的質因數 p 和 q 滿足 $p<q$，可以得到下述關係：

$$p^2 < p \times q = N < q^2$$

在不等式的所有參數上開根號，就可以得到下述關係：

$$p < \sqrt{N} < q$$

因此，可以先計算 $\sqrt{N}$ 並取整數，然後依次嘗試用 N 除以 $\sqrt{N}$、$\sqrt{N}+1$、$\sqrt{N}+2$ 等，如果可以整除，就找到了 q。如果質因數 p 和 q 離得很近，那麼 $\sqrt{N}$ 就和 p、q 離得很近，上述試除過程很快就可以執行完畢。

我們舉個例子來看看這個攻擊方法。假定我們得到了一個 RSA 密碼中所用到的合數 $N = 9021$，這個合數的質因數 p 和 q 離得特別近。直觀來看，似乎不太容易找到兩個質數 p 和 q，使得 $p \times q = 9021$。但是，根據上述的攻擊方法，可以計算並得到 $\sqrt{N} = \sqrt{9021} \approx 95$。離 95 最近的質數是 97，嘗試用 9021 除以 97，得到：

$$93 \times 97 = 9021$$

這樣，我們只執行了一次開根號運算和一次除法運算，就成功得到了 9021 的兩個質因數 93 和 97。

總之，如果所選取的兩個質數滿足了一定的條件，那麼對合數進行質因數分解可能會比較容易，RSA 公鑰加密方案或 RSA 數位簽章方案就容易被破解。

4.4.2　在使用 RSA 時，永遠不要使用相同的合數

　　質數 p 和 q 的選取要滿足各式各樣的條件，選取滿足所有條件的 p 和 q 就變得沒那麼容易了。當某個資訊發送方需要對多個資訊接收方發送資訊時，每個資訊接收方都需要生成滿足條件的 p 和 q，這看起來比較麻煩。能否讓所有的資訊接收方都選取相同的 p 和 q，但每個資訊接收方所用的公鑰私鑰對（e, d）互不相同呢？這樣就可以事先選取好 p 和 q，大大減輕質數選取的負擔。

　　然而，上述方法是不可取的。實際上，如果一個資訊接收方知道一組公鑰私鑰對（e, d）以及合數 N，那麼這個資訊接收方可以非常快速地對合數 N 進行質因數分解，從而可以根據其他資訊接收方的公鑰 e' 計算得到對應的私鑰 d'。簡單來說就是：只要同時知道私鑰 d 和公鑰 e，就可以對 N 進行質因數分解。當然了，上述攻擊方法仍然還是蠻複雜的。如果對該演算法有興趣，可以閱讀密碼學家博奈（Dan Boneh）的論文〈二十年來針對 RSA 密碼系統的攻擊〉（Twenty Years Of Attacks On The RSA Cryptosystem）。

　　下面我們來看一個比較容易理解的例子。這個攻擊方法最初由密碼學家西蒙斯（G. Simmons）於 1983 年提出。假設 Alice 和 Bob 事先使用了相同的合數 N 分別生成了自己的公私鑰對（e_A, d_A）、（e_B, d_B）。隨後，他們共同的朋友 Carol 想和 Alice 與 Bob 約定一個聚餐地點 m。為此，Carol 應用 Alice 的公鑰 e_A 和 Bob 的公鑰 e_B 分別對聚餐地點 m 加密，得到了兩個密文：

$$c_A \equiv m^{e_A} \ (mod\, N) \qquad c_B \equiv m^{e_B} \ (mod\, N)$$

如果 e_A 和 e_B 互質，攻擊者就可以用 3.2.4 節介紹的方法，利用歐幾里德演算法得到兩個整數 x 和 y，使得 $x \cdot e_A + y \cdot e_B = 1$。由於 e_A 和 e_B 是正整數，如果 x 和 y 都是正數，那麼 $x \cdot e_A + y \cdot e_B$ 必然大於 1；反之，如果 x 和 y 都是負數，那麼 $x \cdot e_A + y \cdot e_B$ 必然為負數。因此，唯一的可能是 x 和 y 有一個是正數，而另一個是負數。如果 x 是負數，則攻擊者就可以計算：

$$(c_A^{-1})^{-x} \cdot c_B^{\,y} = c_A^{\,x} \cdot c_B^{\,y} = (m^{e_A})^{\,x} \cdot (m^{e_B})^{\,y} = m^{xe_A + ye_B} = m^1 \equiv m \ (mod\, N)$$

這樣，在未知私鑰 d_A 和 d_B 的條件下，惡意攻擊者 Eve 僅通過密文 c_A、c_B 和公鑰 e_A、e_B，就恢復出 Carol 發送的聚餐地點 m。

因此，每一個資訊接收方都要使用不同的合數 N 生成自己的公鑰和私鑰。不要和其他人共同使用同一個合數 N。

4.4.3 公鑰和私鑰都不能選得特別小

RSA 公鑰加密方案中的加密演算法涉及運算 m^e $(mod\, N)$。同理，RSA 數位簽章方案中的簽名演算法涉及運算 m^d $(mod\, N)$。這兩個運算都是冪運算，實際計算的速度會相對較慢。為了提高加密演算法或簽名演算法的計算效率，有人想出了一個有趣的方法：在 RSA 公鑰加密方案中，能否把公鑰 e 固定為一個比較小的整數，如 $e = 3$？這樣，加密演算法只需計算 m^3 $(mod\, N)$，可以大大提高加密演算法的執行效率。與之類似，在 RSA 數位簽章加密方案中，能否把簽名金鑰 d 也固定為一個比較小的整數，從而提高簽名演算法的執行效率呢？

密碼學家說：不行！他們得到了如下結論：如果 RSA 公鑰加密中的

公鑰 e 或者私鑰 d 非常小，那麼就會存在演算法，可以從密文中快速恢復出明文。這個攻擊演算法的一般形式需要用到數學中的格理論（Lattice Theory）的一個特定演算法。

　　格理論是近年來數學家和密碼學家廣泛研究的數學工具，理解格理論的難度也相當高。在此我們還是來看一個比較簡單的例子。設想這樣一個場景：Dave 同樣要和他的三位朋友 Alice、Bob、Carol 約定一個共同的聚餐地點。不經一事不長一智，Alice、Bob 和 Carol 選取了不同的合數 N_A、N_B、N_C，分別建構出自己的 RSA 加密方案。不過，為了讓 Dave 計算方便，Alice、Bob 和 Carol 分別選取了相同的小公鑰 $e_A = e_B = e_C = 3$。Dave 計算得到了聚餐地點 m 所對應的三個密文：

$$c_A \equiv m^3 \ (\ mod \ N_A\ ) \quad c_B \equiv m^3 \ (\ mod \ N_B\ ) \quad c_C \equiv m^3 \ (\ mod \ N_C\ )$$

　　當分別得到 c_A、c_B、c_C 後，攻擊者可以應用中國剩餘定理（Chinese Remainder Theorem）快速找到某個數 c，滿足

$$c \equiv m^3 \ mod \ (\ N_A \cdot N_B \cdot N_C\ ) \ 。$$

　　由於 RSA 加密要求 $m < N_A$、$m < N_B$、$m < N_C$，因此 $m^3 < N_A \cdot N_B \cdot N_C$。這意味著攻擊者可以在等式 $c \equiv m^3 \ mod \ (\ N_A \cdot N_B \cdot N_C\ )$ 中消去同餘運算符號，直接得到 $c = m^3$，從而得到：

$$m = \sqrt[3]{c}$$

　　這樣一來，攻擊者便在不知道任何人的私鑰 d_A、d_B、d_C 的條件下把聚餐地點 m 恢復出來。由此可見，在使用 RSA 密碼時，不要使用太小

的公鑰 e 或太小的私鑰 d。

4.4.4　RSA 中的其他安全問題

　　RSA 中還存在其他的安全問題嗎？RSA 自 1977 年被提出以後，數學家和密碼學家對其安全性進行了全方位的研究。除了前文提到的一些安全問題外，還有以下問題：

　　‧可以透過破壞晶片等形式，故意讓 RSA 加密演算法或簽名演算法在計算過程中出現錯誤，從而獲知私鑰 d，此種攻擊被稱為隨機錯誤攻擊（Random Faults Attack）。
　　‧在 RSA 公鑰加密方案中，如果明文比較短，且沒有經過填充（Padding），則容易從密文中恢復出明文，此種攻擊被稱為短填充攻擊（Short Pad Attack）。
　　‧在 RSA 公鑰加密方案中，即使明文經過了填充，但是檢查填充是否正確的過程存在漏洞，則也容易從密文中恢復出明文，此種攻擊的一般形式被稱為選擇密文攻擊（Chosen Ciphertext Attack）。

　　既然 RSA 中存在這樣那樣的安全問題，是否意味著 RSA 在實際使用中不夠安全？不難發現，上述攻擊方法都需要滿足特定的條件。因此，只要可以規避上述條件，RSA 仍然是安全的。密碼學家建議在使用 RSA 等密碼方案時，要注意以下兩點：

　　（1）不要自己實現密碼學方案，把密碼學方案的實現交給專業人

士來完成；

（2）不要使用來歷不明的參數，要從可信賴的管道獲取相關參數，或正確使用專業人士提供的方法生成參數。

　　本章介紹了諸多現代密碼學中仍然被認為是安全的密碼方案。首先，本章介紹了安全的對稱加密，包括上帝也破解不了的一次一密；曾經被認為是安全的，只因金鑰長度不滿足當今需求而逐漸被淘汰的DES；迄今為止除了上帝外誰也破解不了的 AES。隨後，本章介紹了公鑰密碼中最為經典的四個方案：狄菲—赫爾曼金鑰協商協定、RSA 公鑰加密方案、艾爾蓋默公鑰加密方案以及 RSA 數位簽章方案。最後，本章介紹了 RSA 公鑰密碼的破解之道，揭示了隱藏在 RSA 背後的一些安全問題。

　　至此，本次密碼學的旅程已接近尾聲。當然，現代密碼學仍然在蓬勃發展，密碼學家還在提出更多更有意思的密碼。例如：可以向多人分享同一個祕密的祕密分享（Secret Sharing）；可以在不透露任何資訊的條件下，向一個人證明自己知道某個祕密的零知識證明（Zero-Knowledge Proof）；能用於建構在一邊安裝兩把鎖的「保險櫃」，可以在密文上實現加、減、乘、除運算的全同態加密；可以直接將電子郵件地址、身份證號碼等有意義的文字作為公鑰的基於身份加密（Identity-Based Encryption）。這些密碼都利用了較為複雜的數學基礎，透過巧妙的結構實現了多種多樣的安全功能。

　　此外，超越圖靈電腦計算功能的量子電腦，也將對密碼學產生極大的影響，原因在於應用量子電腦可以高效地解決公鑰密碼學安全性所仰

賴的兩大計算困難問題：大整數分解問題和離散對數問題。1994 年，麻省理工學院的教授秀爾（Peter Shor）宣稱找到了一個演算法，可以快速解決整數分解問題。一開始，數學家和密碼學家對此並不太感興趣，因為幾乎每隔一段時間就會有某位數學家或密碼學家表示自己已經解決了整數分解問題，但是他們所提交的演算法都存在問題。然而，經過深入的分析驗證，數學家和密碼學家發現，秀爾所提出的演算法本身並沒有任何問題，只是這個演算法需要在當時尚未問世的量子電腦上實現。後續的研究工作表明，秀爾所提出的演算法不僅可以解決整數分解問題，稍作修改後還可以解決離散對數問題。如果電腦科學家在不久的將來成功研製出量子電腦，那麼狄菲—赫爾曼金鑰協商協定、RSA 公鑰加密方案、艾爾蓋默公鑰加密方案、RSA 數位簽章方案以及後續提出的各種公鑰加密方案及數位簽章方案都將變得不再安全。

秀爾是在 1994 年提出這一演算法的，當時就算是超級電腦也是體積巨大、計算緩慢，研發量子電腦更是癡人說夢。然而，二十多年後的今天，量子電腦正逐漸走入人們的視野。它的到來真的會使得公鑰密碼學再一次墜入深淵嗎？不，公鑰密碼學還有希望。為了讓公鑰密碼方案能抵禦量子電腦的攻擊，2016 年 7 月 7 日，谷歌公司宣布嘗試用抗量子計算攻擊的新型金鑰協商方案新希望（New Hope）替換現有標準下的金鑰協商方案。2016 年 11 月 28 日，谷歌宣布第一次實驗結束。實驗結果表明，新希望方案僅能替換部分標準下的金鑰協商方案，通用性仍有待加強。2018 年 12 月 12 日，谷歌宣布啟動第二次實驗，嘗試用 NTRU 這一更加通用的抗量子密碼學方案替換現有標準下的金鑰協商方案，這一次的實驗非常成功。目前，NTRU 方案是 NIST 後量子密碼學標準計

畫（Post-Quantum Cryptography Standardization Project）於 2020 年 7 月 22 日發布的七個終選方案之一。NIST 期望在 2024 年發布後量子密碼學標準。如今，後量子時代的密碼學正蓬勃發展。密碼學將要走向何方？我們拭目以待。

有關完備保密性與一次一密的進一步論述，請參考卡茨（Jonathan Katz）和林德爾（Yehuda Lindell）所寫的教科書《現代密碼學簡介》（*Introduction to Modern Cryptography*）的第二章：完備祕密加密（Perfectly Secret Encryption）。有關計算安全性和對稱加密的相關理論，可以觀看密碼學家博奈（Dan Boneh）在免費大型公開線上課程平台 Coursera 的課程《密碼學 I》（*Cryptography I*）。對於 DES 和 AES 的詳細描述，同樣可以參考教科書《現代密碼學簡介》的第六章「對稱加密原語的實際構造」（Practical Constructions of Symmetric-Key Primitives）。大家可以閱讀斯米德（M. E. Smid）和布蘭斯德（D. K. Branstad）所寫的文章〈資料加密標準：過去與未來〉（The Data Encryption Standard: Past and Future），以了解 DES 的發展歷程。還可以閱讀納許瓦多（James R. Nechvatal）、巴克（Elaine B. Barker）、巴薩姆（Lawrence E. Bassham）等人撰寫的〈進階加密標準發展報告〉（Report on the Development of the Advanced Encryption Standard），以進一步了解 AES 的發展歷程。

有關公鑰密碼的發展史，可以閱讀李維（Steven Levy）所寫的書《密碼學：反叛者如何擊敗政府——在數位時代保護個人隱私》（*Crypto: How the Code Rebels Beat the Government--Saving Privacy in the Digital Age*）的第三章「公鑰」。2015 年 6 月 3 日，RSA 公鑰密碼的提出者之

一李維斯特在西蒙斯機構（Simons Institute）的密碼學課程中進行了一個題目為「密碼學發展」（On the Growth of Cryptography）的演講，可以觀看此影片進一步了解密碼學，特別是公鑰密碼學的發展史。也可以查閱卡茨和林德爾的書《現代密碼學簡介》的第十一章「公鑰加密」和第十二章「數位簽章方案」，以進一步學習公鑰加密和數位簽章，並了解除了RSA、艾爾蓋默之外的其他公鑰密碼方案。博奈發表的論文〈二十年來針對RSA密碼系統的攻擊〉是一份關於RSA安全性的絕佳參考資料。

後記

　　在完成知乎電子書《質數了不起》時，我還是北京航空航天大學電子資訊工程學院的博士研究生，主要研究方向是公鑰密碼學以及其在大數據安全儲存中的應用。如今，我已經加入阿里巴巴集團，擔任安全專家職務，負責資料安全與隱私保護技術方面的研究與應用落地工作。

　　自從美國「棱鏡門」事件以來，越來越多人開始關注密碼學領域的攻擊手段以及相關的安全技術，如著名網路安全協定中的「心臟出血」漏洞（heartbleed bug）、橫行的勒索病毒「Wanna Cry」。人們也迎來了比特幣這種基於密碼學的電子錢。2017 年 6 月 1 日《中華人民共和國網路安全法》、2020 年 1 月 1 日《中華人民共和國密碼法》、2020 年 7 月 20 日《中華人民共和國資料安全法（草案）》徵求意見、2020 年 10 月 21 日《中華人民共和國個人資訊保護法（草案）》徵求意見，這一系列法律法規的提出更是使得資料安全成為大眾關注的焦點。而這些話題都與密碼學有著深入的聯繫。撰寫這本書的目的，一方面是想讓喜愛《質數了不起》的讀者朋友能夠讀到更豐富的內容，另一方面也是想透過本書為讀者朋友普及密碼學的知識，從技術角度提升大家的網路安全意識。希望這本書能讓更多讀者朋友喜歡上密碼學這一門年輕的學科，從而願意進一步了解密碼學相關的知識，甚至能在未來為資料安全與隱私保護領域貢獻出自己的一份力量。

　　與先前撰寫《質數了不起》相比，撰寫本書對我來說又是一次全新的挑戰。《質數了不起》的內容比較淺顯，其中有關密碼學理論的講解

也不夠深入。但在撰寫這本書時，我深深感受到了「科普」二字的困難。要用淺顯易懂的語言、生動有趣的例子來講述密碼學及其背後的數學原理，實屬難事。我雖絞盡腦汁，但仍有個別知識點的介紹無法做到深入淺出又不失準確。希望未來還能有機會向讀者朋友們講解更多更有趣的密碼學知識，為大家帶來更全面的科普。

如果你對密碼學（尤其是公鑰密碼學）或隱私保護技術感興趣，歡迎來到知乎與我交流。

最後，再次感謝各位讀者朋友，衷心希望你在收穫了密碼學知識的同時，也收穫了更多快樂。

專有名詞、人名一覽表

佩因芬（Georges Painvin）

單表代換密碼（Monoalphabetic Substitution Cipher）

阿爾伯蒂（Leon B. Alberti）

密碼盤（Cipher Disk）

多表代換密碼（Polyalphabetic Substitution Cipher）

特里特米烏斯（Johannes Trithemius）

貝拉索（Giovan Bellaso）

維吉尼亞（Blaise De Vigenère）

維吉尼亞密碼（Vigenère Cipher）

巴貝奇（Charles Babbage）

卡西斯基（Friedrich Kasiski）

卡西斯基檢測法（Kasiski Test）

佩雷克（Georges Perec）

《消失》（*La Disparation*）

阿戴爾（Gilbert Adair）

《虛空》（*A Void*）

轉子（Rotor）

赫本（Edward Hebern）

庫奇（Hugo Koch）

謝爾比烏斯（Arthur Scherbius）

燈盤（Lampboard）

鍵盤（Keyboard）

插接板（Plugboard）

Numberphile

反射器（Reflector）

反轉轉子（Reversal Rotor）

定子（Static Wheel）

日金鑰（Daily Key）

會話金鑰（Session Key）

雷耶夫斯基（Marian Adam Rejewski）

羅佐基（Jerzy Różycki）

佐加爾斯基（Henryk Zygalski）

炸彈（Bomba）

布萊切利莊園（Bletchley Park）

明密文對（Crib）

希特勒萬歲（Heil Hitler）

哈珀（J. Arper）

夏農（Claude Shannon）

〈通訊的數學理論〉（A Mathematical Theory of Communication）

美國密碼學博物館

德特（Louise Dade）

恩尼格瑪機模擬器

伯克利（K. Buckley）

〈恩尼格瑪機原理〉（Enigma Machine Kata）

第 3 章

〈論可計算數及其在判定性問題上的應用〉（On Computable Numbers, with an Application to the Entscheidungs problem）

圖靈機（Turing Machine）

佛勞斯（Tommy Flowers）

巨像（Colossus）

彈道研究實驗室（Ballistic Research La-

pothesis）

戴舍爾（J. -M. Deshouillers）

艾芬格（G. Effinger）

特里爾（H. te Riele）

季諾維也夫（D. Zinoviev）

布朗（Viggo Brun）

篩法（Sieve Method）

「1 + 1」問題

維諾格拉多夫（Ivan Vinogradov）

維諾格拉多夫定理（Vinogradov's Theorem）

博羅茲金（K. Borozdkin）

廖明哲

王天澤

賀歐夫各特（Harald Helfgott）

普拉特（D. Platt）

陳景潤

《幾何原本》（*Stoicheia*）

質數定理（Prime Number Theorem）

阿達馬（Jacques Solomon Hadamard）

瓦列─普桑（C. Vallée-Poussin）

複變分析（Complex Analysis）

質數螺旋（Prime Spiral）

烏拉姆（Stanislaw Ulam）

波利尼亞克（Alphonse de Polignac）

波利尼亞克猜想（Polignac's Conjecture）

張益唐

《數學年刊》（*Annals of Mathematics*）

陶哲軒

「PolyMath」計畫

質數檢驗（Primality Test）

雷吉烏斯（H. Regius）

卡達迪（P. Cataldi）

費馬（Pierre de Fermat）

梅森（Marin Mersenne）

佩爾武辛（Ivan M. Pervushin）

鮑爾斯（Ralph Powers）

梅森質數（Mersenne Prime）

盧卡斯（Édouard Lucas）

萊默（Derrick Henry Lehmer）

盧卡斯─萊默質數檢驗法（Lucas-Lehmer Primality Test）

羅賓遜（Raphael M. Robinson）

沃爾特曼（George Woltman）

網際網路梅森質數大搜尋（Great Internet Mersenne Prime Search, GIMPS）

試除法（Trial Division）

華林（E. Waring）

威爾遜（J. Wilson）

威爾遜定理（Wilson's Theorem）

拉格朗日（Joseph-Louis Lagrange）

普洛茲判定法（Proth's Test）

波克林頓判定法（Pocklington's Test）

確定判定法（Deterministic Test）

機率判定法（Probabilistic Test）

費馬判定法（Fermat Primality Test）

「頁邊筆記」（Margin Note）

費馬猜想（Fermat's Conjecture）

橢圓曲線（Elliptic Curve）

伽羅瓦理論（Galois Theory）

休斯（James P. Hughes）

奧吉埃（Maxime Augier）

〈李維斯特是錯的，狄菲才是對的〉
（Ron Was Wrong, Whit Is Right）

科珀史密斯（Don Coppersmith）

博奈（Dan Boneh）

〈二十年來針對 RSA 密碼系統的攻擊〉
（Twenty Years Of Attacks On The RSA
Cryptosystem）

西蒙斯（G. Simmons）

格理論（Lattice Theory）

中國剩餘定理（Chinese Remainder Theo-
rem）

隨機錯誤攻擊（Random Faults Attack）

短填充攻擊（Short Pad Attack）

選擇密文攻擊（Chosen Ciphertext Attack）

祕密分享（Secret Sharing）

零知識證明（Zero-Knowledge Proof）

基於身份加密（Identity-Based Encryp-
tion）。

秀爾（Peter Shor）

量子電腦

NIST 後量子密碼學標準計畫（Post-
Quantum Cryptography Standardization
Project）

卡茨（Jonathan Katz）

林德爾（Yehuda Lindell）

《現代密碼學簡介》（*Introduction to
Modern Cryptography*）

《密碼學 I》（*Cryptography I*）

斯米德（M. E. Smid）

布蘭斯德（D. K. Branstad）

〈資料加密標準：過去與未來〉（The
Data Encryption Standard: Past and
Future）

納許瓦多（James R. Nechvatal）

巴克（Elaine B. Barker）

巴薩姆（Lawrence E. Bassham）

〈進階加密標準發展報告〉（Report
on the Development of the Advanced
Encryption Standard）

李維（Steven Levy）

《密碼學：反叛者如何擊敗政府——在數
位時代保護個人隱私》（*Crypto: How
the Code Rebels Beat the Government--
Saving Privacy in the Digital Age*）

國家圖書館出版品預行編目資料

加密‧解謎‧密碼學：從歷史發展到關鍵應用,有
趣得不可思議的密碼研究 / 劉巍然著. -- 初版. --
臺北市：經濟新潮社出版：英屬蓋曼群島商家庭
傳媒股份有限公司城邦分公司發行, 2023.04
　　　面；　　　公分. --（自由學習; 42）

ISBN　978-626-7195-23-9（平裝）

1.CST: 密碼學 2.CST: 通俗作品

448.761　　　　　　　　　　　112003568